国家出版基金项目
NATIONAL PUBLICATION FOUNDATION

"十三五"国家重点图书　｜　总顾问：李　坚　刘泽祥　胡景初
2019年度国家出版基金资助项目　｜　总策划：纪　亮　总主编：周京南

中国古典家具技艺全书
（第一批）

大成若缺III

第九卷

（总三十卷）

主　编：方崇荣　朱和立　贾　刚
副主编：梅剑平　董　君　卢海华

中国林业出版社
·北京·

图书在版编目（C I P）数据

大成若缺 . Ⅲ ／ 周京南总主编 . —— 北京 ： 中国林业出版社 ，2020.5
（中国古典家具技艺全书 . 第一批）

ISBN 978-7-5219-0610-3

Ⅰ . ①大… Ⅱ . ①周… Ⅲ . ①家具－介绍－中国－古代 Ⅳ . ① TS666.202

中国版本图书馆 CIP 数据核字 (2020) 第 093867 号

责任编辑：樊　菲

——

出　版：中国林业出版社（100009 北京西城区德内大街刘海胡同 7 号）
印　刷：北京雅昌艺术印刷有限公司
发　行：中国林业出版社
电　话：010-8314 3518
版　次：2020 年 10 月第 1 版
印　次：2020 年 10 月第 1 次
开　本：889mm×1194mm，1/16
印　张：17.5
字　数：200 千字
图　片：约 650 幅
定　价：360.00 元

序 言

李 坚 中国工程院院士

讲到中国的古家具，可谓博大精深、灿若繁星。

从神秘庄严的商周青铜家具，到浪漫拙朴的秦汉大漆家具；从壮硕华美的大唐壸门结构，到精炼简雅的宋代框架结构；从秀丽俊逸的明式风格，到奢华繁复的清式风格，这一漫长而恢宏的演变过程，每一次改良，每一场突破，无不渗透着中国人的文化思想和审美观念，无不凝聚着中国人的汗水与智慧。

家具本是静物，却在中国人的手中活了起来。

木材，是中国古家具的主要材料。通过中国匠人的手，塑出家具的骨骼和形韵，更是其商品价值的重要载体。红木的珍稀世人多少知晓，紫檀、黄花梨、大红酸枝的尊贵和正统更是为人称道，若是再辅以金、骨、玉、瓷、珐琅、螺钿、宝石等珍贵的材料，其华美与金贵无须言表。

纹饰，是中国古家具的主要装饰。纹必有意，意必吉祥，这是中国传统工艺美术的一大特色。纹饰之于家具，不但起到点缀空间、构图美观的作用，还具有强化主题、烘托喜庆的功能。龙凤麒麟、喜鹊仙鹤、八仙八宝、梅兰竹菊，都寓意着美好和幸福，这些也是刻在中国人骨子里的信念和情结。

造型，是中国古家具的外化表现和功能诉求。流传下来的古家具实物在博物馆里，在藏家手中，在拍卖行里，向世人静静地展现着属于它那个时代的丰姿。即使是从未接触过古家具的人，大概也分得出桌椅几案，柜架床榻，这得益于中国家具的流传有序和中国人制器为用的传统。关于造型的研究更是理论深厚，体系众多，不一而足。

唯有技艺，是成就中国古家具的关键所在，当前并没有被系统地挖掘和梳理，尚处于失传和误传的边缘，显得格外落寞。技艺是连接匠人和器物的桥梁，刀削斧凿，木活生花，是熟练的手法，是自信的底气，也是"手随心驰，心从手思，心手相应"的炉火纯青之境界。但囿于中国传统各行各业间"以师带徒，口传心授"的传承方式的局限，家具匠人们的技艺并没有被完整的记录下来，没有翔实的资料，也无标准可依托，这使得中国古典家具技艺在当今社会环境中很难被传播和继承。

此时，由中国林业出版社策划、编辑和出版的《中国古典家具技艺全书》可以说是应运而生，责无旁贷。全套书共三十卷，分三批出版，并运用了当前最先进的技术手段，最生动的展现方式，对宋、明、清和现代中式的家具进行了一次系统的、全面的、大体量的收集和整理，通过对家具结构的拆解，家具部件的展示，家具工艺的挖掘，家具制作的考证，为世人揭开了古典家具技艺之美的面纱。图文资料的汇编、尺寸数据的测量、CAD和效果图的绘制以及对相关古籍的研究，以五年的时间铸就此套著作，匠人匠心，在家具和出版两个领域，都光芒四射。全书无疑是一次对古代家具文化的抢救性出版，是对古典家具行业"以师带徒，口传心授"的有益补充和锐意创新，为古典家具技艺的传承、弘扬和发展注入强劲鲜活的动力。

　　党的十八大以来，国家越发重视技艺，重视匠人，并鼓励"推动中华优秀传统文化创造性转化、创新性发展"，大力弘扬"精益求精的工匠精神"。《中国古典家具技艺全书》正是习近平总书记所强调的"坚定文化自信、把握时代脉搏、聆听时代声音，坚持与时代同步伐、以人民为中心、以精品奉献人民、用明德引领风尚"的具体体现和生动诠释。希望《中国古典家具技艺全书》能在全体作者、编辑和其他工作人员的严格把关下，成为家具文化的精品，成为世代流传的经典，不负重托，不辱使命。

2020 年 5 月

前　言

纪　亮　全书总策划

　　中国的古家具，有着悠久的历史。传说上古之时，神农氏发明了床，有虞氏时出现了俎。商周时代，出现了曲几、屏风、衣架。汉魏以前，家具形体一般较矮，属于低型家具。自南北朝开始，出现了垂足坐，于是凳、靠背椅等高足家具随之产生。隋唐五代时期，垂足坐的休憩方式逐渐普及，高低型家具并存。宋代以后，高型家具及垂足坐才完全代替了席地坐的生活方式。高型家具经过宋、元两朝的普及发展，到明代中期，已取得了很高的艺术成就，使家具艺术进入成熟阶段，形成了被誉为具有高度艺术成就的"明式家具"。清代家具，承明余绪，在造型特征上，骨架粗壮结实，方直造型多于明式曲线造型，题材生动且富于变化，装饰性强，整体大方而局部装饰细致入微。到了近现代，特别是近20年来，随着我国经济的发展，文化的繁荣，古典家具也随之迅猛发展。在家具风格上，现代古典家具在传承明清家具的基础上，又有了一定的发展，并形成了独具中国特色的现代中式家具，亦有学者称之为中式风格家具。

　　中国的古典家具，通过唐宋的积淀，明清的飞跃，现代的传承，成为"东方艺术的一颗明珠"。中国古典家具是我国传统造物文化的重要组成和载体，也深深影响着世界近现代的家具设计，国内外研究并出版的古典家具历史文化类、图录资料类的著作较多，而从古典家具技艺的角度出发，挖掘整理的著作少之又少。技艺——是古典家具的精髓，是原汁原味地保护发展我国古典家具的核心所在。为了更好地传承和弘扬我国古典家具文化，全面系统地介绍我国古典家具的制作技艺，提高国家文化软实力，提升民族自信，实现古典家具创造性转化、创新性发展，中国林业出版社聚集行业之力组建"中国古典家具技艺全书"编写工作组。技艺全书以制作技艺为线索，详细介绍了古典家具中的结构、造型、制作、解析、鉴赏等内容，全书共三十卷，分为榫卯构造、匠心营造、大成若缺、解析经典、美在久成这五个系列，并通过数字化手段搭建"中国古典家具技艺网"和"家具技艺APP"等。全书力求通过准确的测量、绘制、挖掘、梳理，向读者展示中国古典家具的结构美、造型美、雕刻美、装饰美、材质美。

《大成若缺》为全书的第三个系列，共分四卷。榫卯技艺和识图要领是制作古典家具的入门。大成若缺这部分内容按照坐具、承具、庋具、卧具、杂具等类别进行研究、测量、绘制、整理，最终形成了200余款源自宋、明、清和现代这几个时期的古典家具图录，内容分为器形点评、CAD图示、用材效果、结构解析、部件详解等详细的技艺内核。这些丰富而翔实的图录将为我们研究和制作古典家具提供重要的参考。本套书中不乏有宋代、明代的经典器形，亦有清代、现代的繁琐臃肿且部分悖谬器形，故以大成若缺命名。为了将古典家具器形结构全面而准确地呈现给读者，编写人员多次走访各地实地考察、实地测绘，大家不辞辛苦，力求全面。然而，中国古典家具文化源远流长、家具技艺博大精深，要想系统、全面地挖掘，科学、完善地测量，精准、细致地绘制，是很难的。加之编写人员较多、编写经验不足等因素导致测绘不精确、绘制有误差等现象时有出现，具体体现在尺寸标注不一致、不精准，器形绘制不流畅、不细腻，技艺挖掘不系统、不全面等问题，望广大读者批评和指正，我们将在未来的修订再版中予以更正。

最后，感谢国家新闻出版署将本项目列为"十三五"国家重点图书出版规划，感谢国家出版基金规划管理办公室对本项目的支持，感谢为全书的编撰而付出努力的每位匠人、专家、学者和绘图人员。

纪亮

2020 年 5 月

目　录

大成若缺 I（第七卷）

序　言

前　言

一、中国古典家具营造之坐具

（一）坐具概述

（二）古典家具营造之坐具

附录：图版索引

大成若缺 II（第八卷）

序　言

前　言

二、中国古典家具营造之承具

（一）承具概述

（二）古典家具营造之承具

附录：图版索引

大成若缺 III（第九卷）

序 言

前 言

三、中国古典家具营造之庋具

（一）庋具概述　　2

    1. 箱类　　2

    2. 橱类　　3

    3. 柜类　　3

（二）古典家具营造之庋具　　6

庋具图版　　7

    明式双抽屉书架　　8

    明式品字围栏书架　　17

    明式万历柜　　22

    明式素面立柜　　32

    明式素面对开门立柜　　40

    明式圆角柜　　48

    明式三面直棂圆角柜　　52

    明式万字纹小方角柜　　57

    明式直棂小方角柜　　62

    明式万福方角柜　　66

    明式卷云纹小方角柜　　70

    清式券口多宝格　　74

    清式四美图多宝格　　82

    清式春意满园多宝格　　87

    清式回纹多宝格　　92

    清式西番莲纹万历柜　　97

    清式双抽屉亮格柜　　102

    清式四簇云纹方角柜　　107

    清式福磬纹书柜　　112

    清式十字枨攒四合如意纹书柜　　117

    清式福磬有余书柜　　123

    清式回纹亮格书柜　　128

    清式四君子书柜　　133

    清式竹节纹书柜　　138

    清式十字连方纹小方角柜　　143

    清式耕织图顶箱柜　　148

    清式西番莲纹顶箱柜　　158

    清式福寿双全柜橱　　163

    清式螭龙纹联二橱　　168

    现代中式春意满园五斗柜　　173

目 录

现代中式春意满园衣柜　178

现代中式竹节组合衣柜　183

现代中式如意云纹翘头案电视柜　188

现代中式竹节组合电视柜　193

现代中式金玉满堂组合电视柜　198

现代中式云龙组合电视柜　202

现代中式如意福纹电视柜　207

现代中式五屉梳妆台两件套　212

现代中式凤纹梳妆台　219

现代中式金玉满堂梳妆台两件套　225

现代中式素面写字台　230

现代中式五屉写字台　234

现代中式十屉拐子龙纹办公桌　238

现代中式七屉写字台　244

现代中式金玉满堂写字台两件套　250

现代中式云龙纹写字台　256

附录：图版索引

大成若缺Ⅳ（第十卷）

序　言

前　言

四、中国古典家具营造之卧具

（一）卧具概述

（二）古典家具营造之卧具

五、中国古典家具营造之杂具

（一）杂具概述

（二）古典家具营造之杂具

附录：图版索引

中国古典家具营造之庋具

三

三、中国古典家具营造之庋具

（一）庋具概述

庋具包括箱类、橱类、柜类等。其中较典型的品种，包括顶箱柜、圆角柜、亮格柜、官皮箱、闷户橱等。

1. 箱类

1）箱

（1）百宝箱

百宝箱又称为百宝盒，是一种相对小型的存储家具，内设机关、暗道，用于盛放高级礼品、文玩或贵重首饰。明代的百宝箱多设云头铜活，配明锁。清代的百宝盒装饰更为复杂，常常在盒边起很多线条来装饰，配蝙蝠形、蝴蝶形铜活装饰的西洋暗锁。

（2）官皮箱

官皮箱是明清时期比较流行的家居实用器物，一般用于盛装贵重物品或文房用具，又由于其携带方便，常用于官员巡视出游随身携带，故北京匠师俗称其为"官皮箱"。它是一种便携式的小型存储家具。有的官皮箱在箱盖里面装上镜子，即为"梳妆匣"或"梳妆箱"；有的用于存贮文具，里面设有多层抽屉，则为"文具箱"。可以说官皮箱是男女老少皆宜的一个家具品种。

（3）药箱

药箱的结构为六面独板，四角设密集的燕尾榫，里面有很多大小不同的抽屉，

图 明式黄花梨官皮箱

图 明式黄花梨药箱

图 明式黄花梨架格一对　　　　　　　　图 清式紫檀嵌螺钿梅兰竹菊纹亮格柜

在抽屉脸上写有放置的中药材名字。而在中间留了一个空格，里面放上唐代
药王孙思邈的像。这个像龛乃是药箱区别于百宝箱的标志。

2．橱类

橱类的代表器型为闷户橱，闷户橱多采用案形结构，有承置和储藏两种
功能。其中，闷户橱的橱面和桌案一样可以摆放物件；橱面之下平列抽屉两具，
或三具，抽屉之下的"闷仓"（指抽屉下面的封闭空间）可以存放物品。

3．柜类

1）架格

架格是指以立木为四足，取横板将空间分隔成几层，用以陈置、存放物
品的家具，常因为存放书籍，故被称为"书架"或"书格"。

架格一般通高五六尺，框架内装通长等宽的格板。在结构上，每格层有
的完全空敞，有的安券口，有的安圈口，有的安栏杆，其制作虽有简有繁，
但多为明代的形制。

2）亮格柜

明式家具中，有一个品种是将架格和柜子结合在一起的。北京工匠称上
部开敞无门透空的部分曰"亮格"，下面有门的部分曰"柜子"，合起来称之为"亮
格柜"。常见的形式是架格在上，柜子在下。架格的高度常与人肩齐或稍高些，
在架格中存放器物，便于人们观赏；另外，柜内贮存物品，其重心在下，也
有利于整体结构的稳定。亮格柜还有一种常见式样，即上部为亮格一层，中

为柜子、柜身、天足，柜下另有一矮几支撑着它，此种亮格柜，又称为万历柜或万历格。

　　3）圆角柜

　　圆角柜是北京匠师常用的名称，它是因柜顶转角为圆角而得名的。从结构来看，柜角之所以有圆有方，是由有柜帽和无柜帽来决定的，而柜帽之有无，又是由两种不同门的安装方法来决定的。凡是木轴门，门边上、下两头要伸出门轴，同时，必须挖出上、下两个"臼窝"，方能旋转启闭。其中，上面的"臼窝"，当造在有喷出的柜帽上才最为合适。柜帽的转角，多削去硬棱，成为柔和的圆角，因而叫"圆角柜"。

　　4）方角柜

　　方角柜的柜体垂直，四条腿全用方料制作，小、中、大三种类型都有。小型的高约1米，也叫"炕柜"；中型的高约2米，一般上无顶柜；大型的高2米以上，一般上有顶柜。凡无顶柜的方角柜，古人美称之曰"一封书"式，因其方方正正，犹如一部装入函套的线装书。方角柜如果由上、下两节组成，

图 明式黄花梨嵌瘿木顶箱柜

图 明式黄花梨方角柜

图 清式紫檀多宝格

下面较高的一节叫"立柜"，又叫"竖柜"；上面较矮的一节叫"顶柜"，又叫"顶箱"；上、下合起来叫"顶箱立柜"。又因顶箱立柜多成对，每对柜子立柜、顶箱各两件，共计四件，故又叫"四件柜"。四件柜大小相差悬殊，小者可在炕上使用，大者可高达 3 米以上。

5) 多宝格

多宝格是一种类似书架的家具，在架格的基础上又增加横、竖小格板，将空间分隔为不同样式的高低错落的小格间，格内陈设各种古玩、器皿，又称博古架。清代由于达官显贵爱好佩戴饰物、贮藏珍宝，所以就设计出多宝格这种架式贮藏家具。多宝格兼有收藏、陈设的双重作用，这种格子前后左右做成不同形态的开光，内部空间分隔巧妙，设计得错落有致。之所以称为"多宝格"，是由于每一件珍宝都占有一"格"位置的缘故。多宝格形式繁多，装饰千变万化，里面空间分隔高低错落，不一而足。

（二）古典家具营造之庋具

本节选取中国古典家具中的明式、清式、现代中式等庋具类代表性款式，并从器形点评、CAD 图示、用材效果、结构解析、部件详解、雕刻图版等角度进行深度梳理、解读和研究，以形成珍贵而翔实的图文资料。

主要解读和研究的器形如下：

（1）明式家具：明式双抽屉书架、明式品字围栏书架等；（2）清式家具：清式券口多宝格、清式四美图多宝格等；（3）现代中式家具：现代中式春意满园五斗柜、现代中式春意满园衣柜等。图示资料详见 P8 ～ 260。

说明：在庋具的测量和绘制过程中存在少量国标允许的误差。

庋具图版

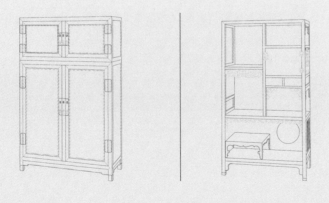

明式双抽屉书架

材质：黄花梨

丰款：明代

外观效果图（图示1）

1. 器形点评

　　此书架架顶略喷出。通身五层隔板，自上而下第三层之下设抽屉两具。第一层至第四层的后侧及两侧，三面栏杆用横竖材攒成，栏杆横材之间置套环透雕铜钱纹卡子花。底层之上无栏杆，为一层光素的隔板，之下有窄直牙板。此书架整体比例匀称，结构简洁明快，风貌不凡。

注：全书计量单位为毫米（mm）。

2. CAD 图示

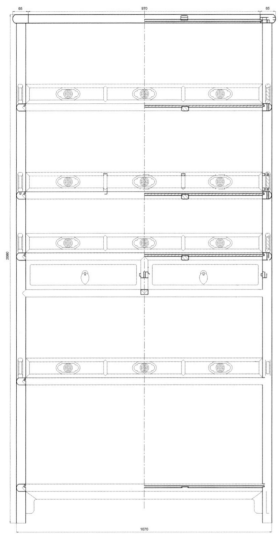

主视图

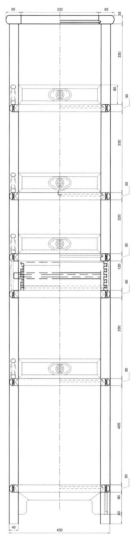

左视图

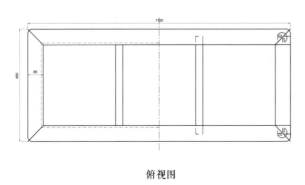

俯视图

CAD 结构图（图示 2～4）

3. 用材效果

外观效果图（材质：黄花梨；图示 5）

外观效果图（材质：紫檀；图示 6）

外观效果图（材质：酸枝；图示 7）

注：①黄花梨，指海南黄花梨；②紫檀，指小叶紫檀；③酸枝，指红酸枝。下同。

4. 结构解析

隔板

卡子花

抽屉

腿子

下牙板

整体结构图（图示 8）

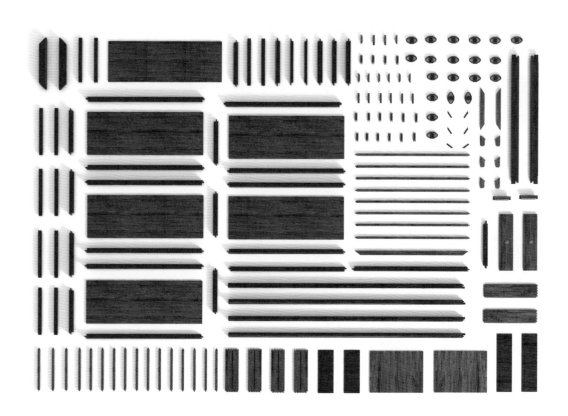

部件结构图（图示 9）

5. 部件详解

大成若缺

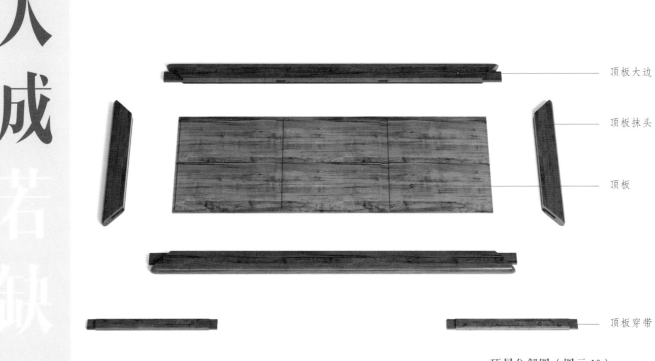

顶板大边

顶板抹头

顶板

顶板穿带

顶层分解图（图示 10）

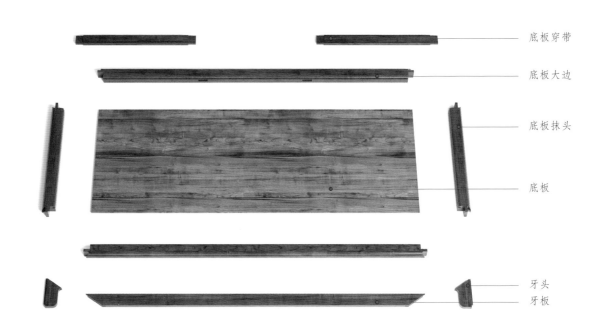

底板穿带

底板大边

底板抹头

底板

牙头
牙板

底层分解图（图示 11）

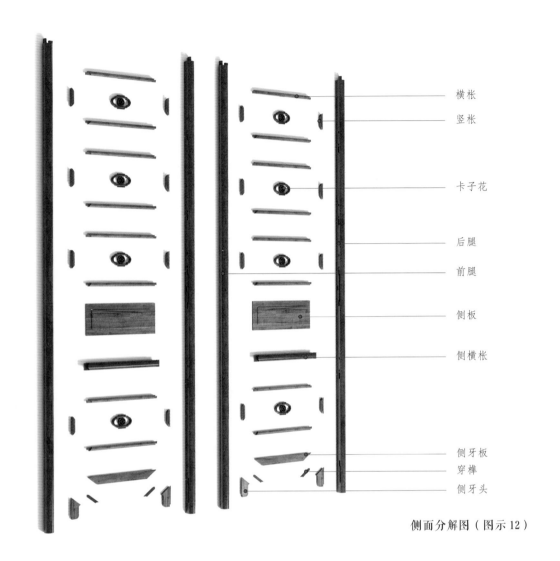

横枨
竖枨
卡子花
后腿
前腿
侧板
侧横枨
侧牙板
穿榫
侧牙头

侧面分解图（图示 12）

隔板大边
隔板抹头
顶部隔板
隔板穿带

顶部隔层分解图（图示 13）

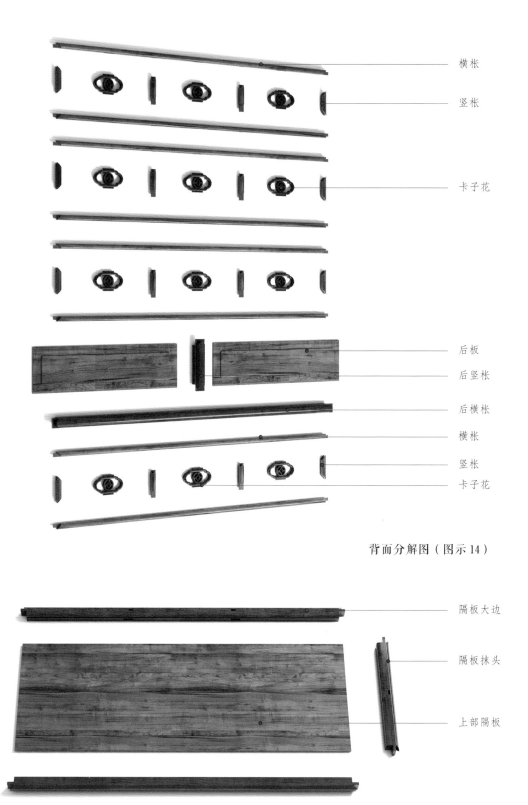

大成若缺

横枨

竖枨

卡子花

后板

后竖枨

后横枨

横枨

竖枨

卡子花

背面分解图（图示 14）

隔板大边

隔板抹头

上部隔板

隔板穿带

上部隔层分解图（图示 15）

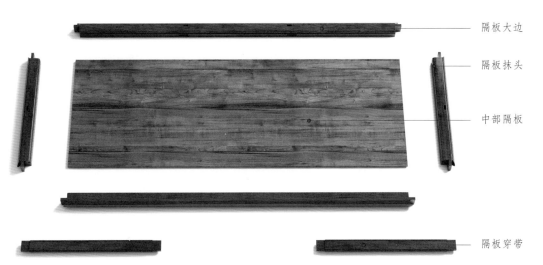

隔板大边

隔板抹头

中部隔板

隔板穿带

中部隔层分解图（图示16）

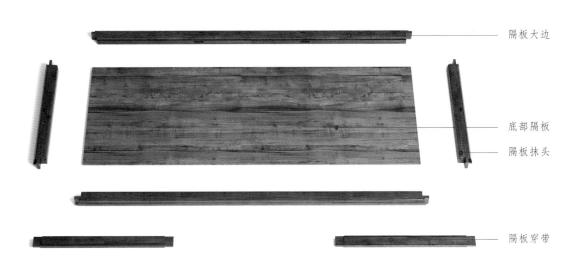

隔板大边

底部隔板

隔板抹头

隔板穿带

底部隔层分解图（图示17）

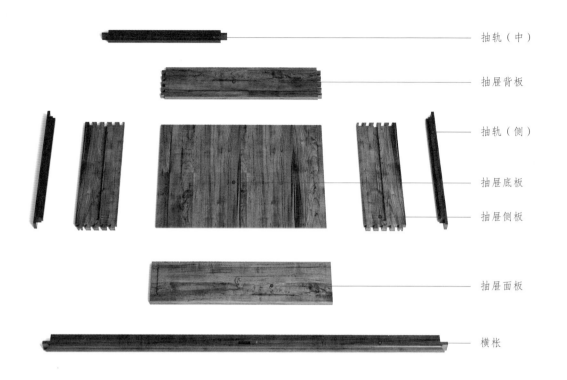

抽轨（中）

抽屉背板

抽轨（侧）

抽屉底板

抽屉侧板

抽屉面板

横枨

抽屉分解图 1（图示 18）

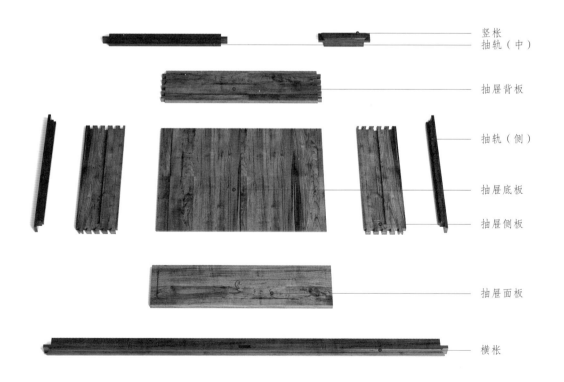

竖枨
抽轨（中）

抽屉背板

抽轨（侧）

抽屉底板

抽屉侧板

抽屉面板

横枨

抽屉分解图 2（图示 19）

大成若缺

明式品字围栏书架

材质：黄花梨

年款：明代

外观效果图（图示1）

1. 器形点评

　　此书架呈齐头立方式，共分三层。每层格板皆有三面围栏，围栏以横竖材攒品字格，并装有双环卡子花。第一层下有抽屉两具，屉脸上雕螭龙纹。柜腿间有壸门牙板，牙板以卷草纹装饰。

2. CAD 图示

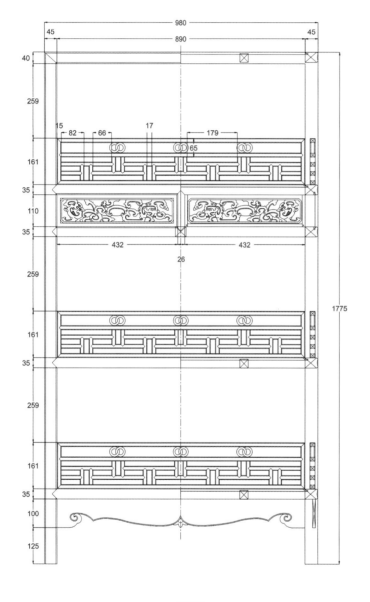

主视图

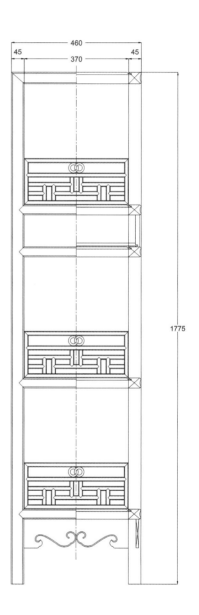

左视图

CAD 结构图（图示 2 ~ 3）

注：俯视结构简单，故省略俯视图。

3. 用材效果

外观效果图（材质：黄花梨；图示 4）

外观效果图（材质：紫檀；图示 5）

外观效果图（材质：酸枝；图示 6）

4. 结构解析

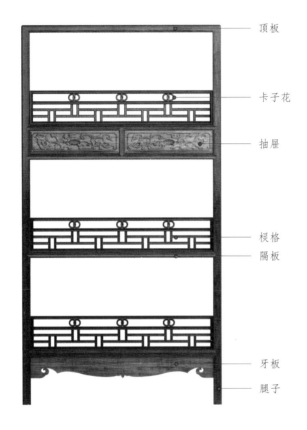

主视图

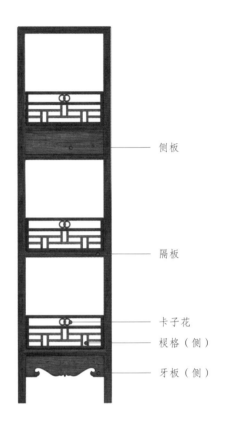

左视图

顶板

卡子花

抽屉

棂格

隔板

牙板

腿子

侧板

隔板

卡子花

棂格（侧）

牙板（侧）

俯视图

面心

边框

5. 雕刻图版

※ 明式品字围栏书架雕刻技艺图

序号	名称	雕刻技艺图	应用部位
1	螭龙纹	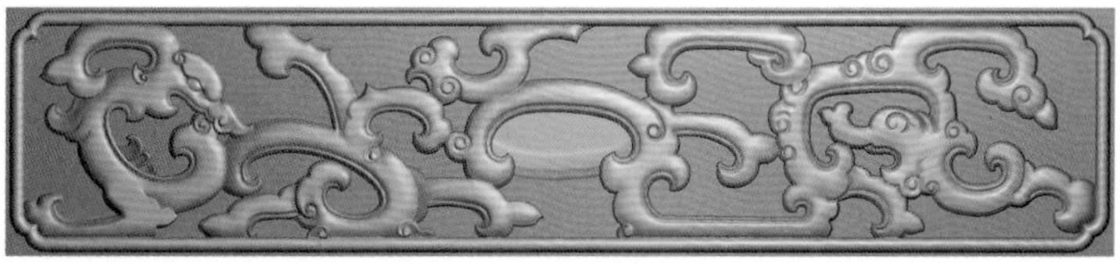	抽屉脸
2	卷草纹	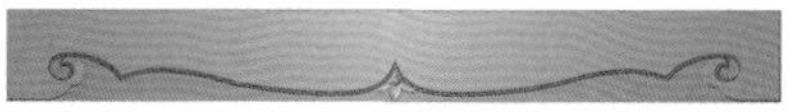	牙板
3	卷草纹	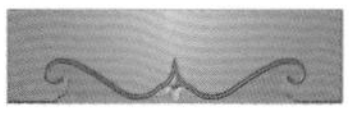	牙板（侧）
4	双环纹	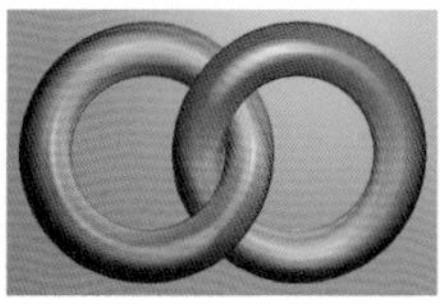	卡子花

雕刻技艺图（图示 10 ~ 13）

明式万历柜

材质：黄花梨

丰款：明代

外观效果图（图示 1）

1. 器形点评

　　此柜为四面平式。上层亮格正面及两侧开敞，装三面券口牙子，下安矮围栏。下部柜门为落堂踩鼓式，中有闩杆。柜门下有壶门牙板。此柜特点是上格下柜，便于展示和收纳，为书房与客厅的必备家具。（绦环板上的雕刻，详见 CAD 图示）

2. CAD 图示

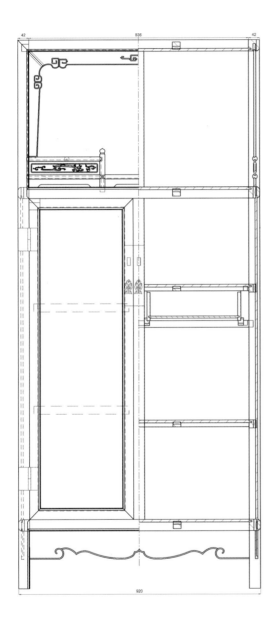

主视图 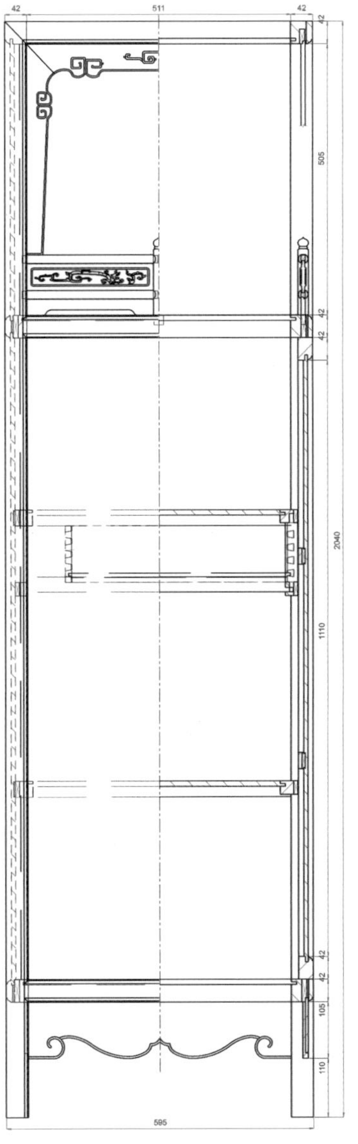   左视图

CAD 结构图（图示 2 ~ 3）

注：俯视结构简单，故省略俯视图。

3. 用材效果

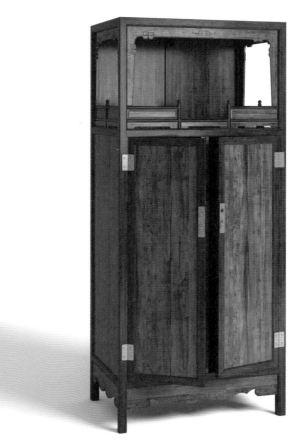

外观效果图（材质：黄花梨；图示 4 ）

外观效果图（材质：紫檀；图示 5 ）

外观效果图（材质：酸枝；图示 6 ）

4. 结构解析

> 券口牙子
>
> 绦环板
>
> 柜门
>
> 腿子
>
> 牙板

整体结构图（图示 7）

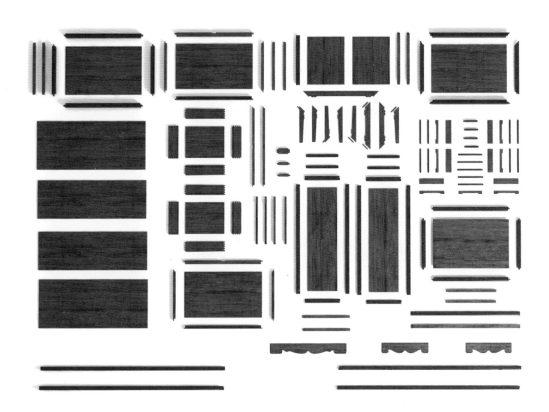

部件结构图（图示 8）

5. 部件详解

大成若缺

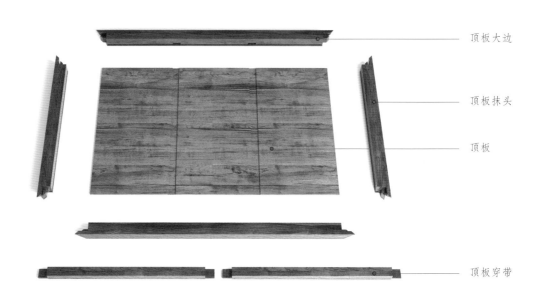

顶板大边

顶板抹头

顶板

顶板穿带

顶层分解图（图示 9）

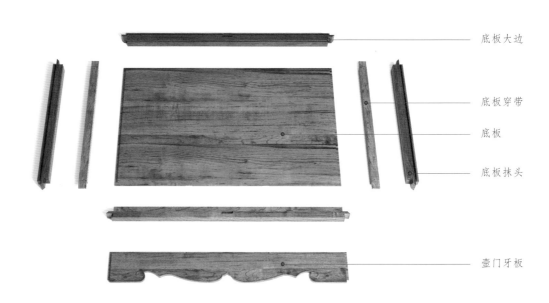

底板大边

底板穿带

底板

底板抹头

壶门牙板

底层分解图（图示 10）

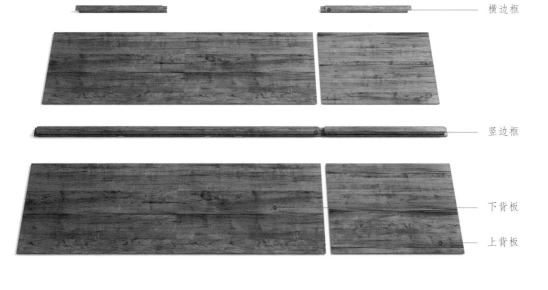

横边框

竖边框

下背板

上背板

背面分解图（图示 11）

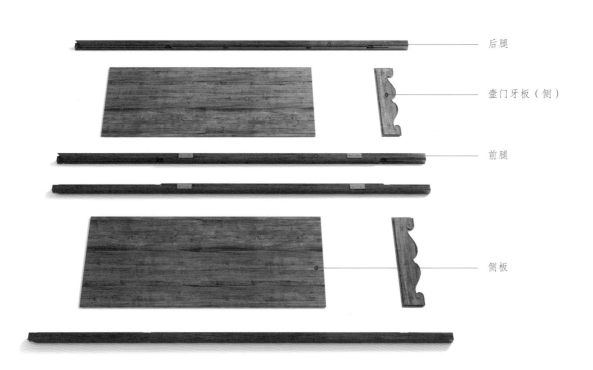

后腿

壸门牙板（侧）

前腿

侧板

侧面分解图（图示 12）

大
成
若
缺

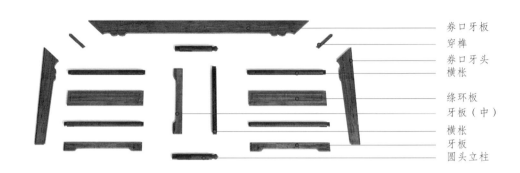

券口牙板
穿榫
券口牙头
横枨
绦环板
牙板（中）
横枨
牙板
圆头立柱

券口牙子及栏杆（正）分解图（图示13）

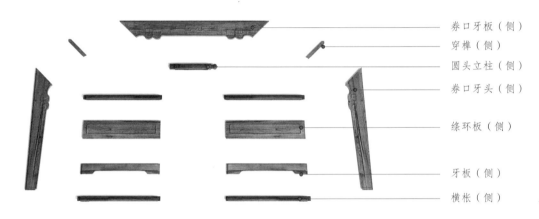

券口牙板（侧）
穿榫（侧）
圆头立柱（侧）
券口牙头（侧）
绦环板（侧）
牙板（侧）
横枨（侧）

券口牙子及栏杆（侧）分解图（图示14）

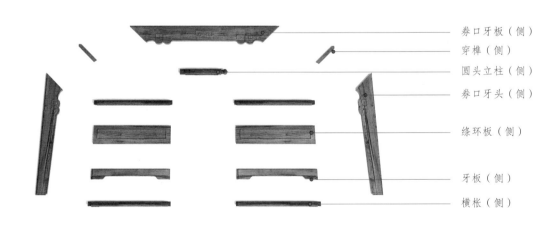

券口牙板（侧）
穿榫（侧）
圆头立柱（侧）
券口牙头（侧）
绦环板（侧）
牙板（侧）
横枨（侧）

券口牙子及栏杆（侧）分解图（图示15）

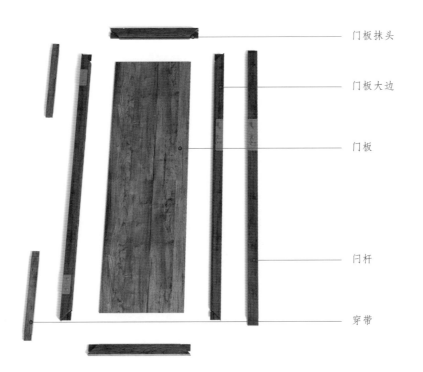

门板抹头

门板大边

门板

闩杆

穿带

柜门（左）分解图（图示 16）

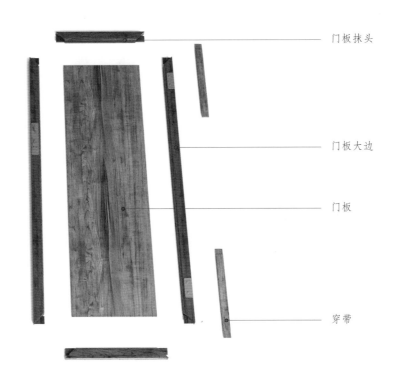

门板抹头

门板大边

门板

穿带

柜门（右）分解图（图示 17）

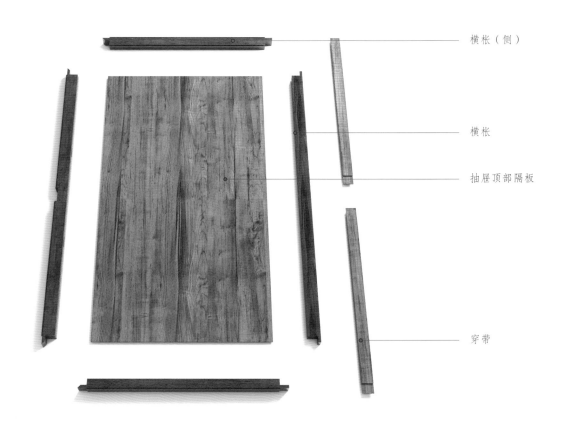

横枨（侧）

横枨

上部隔板

穿带

上部隔层分解图（图示 18）

横枨（侧）

横枨

抽屉顶部隔板

穿带

抽屉顶部隔层分解图（图示 19）

大成若缺

横枨

横枨（侧）

底部隔板

穿带

底部隔层分解图（图示20）

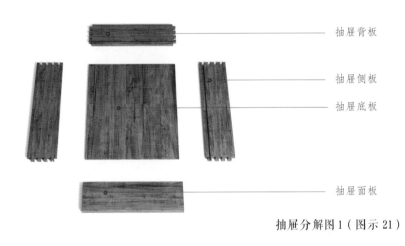

抽屉背板

抽屉侧板

抽屉底板

抽屉面板

抽屉分解图1（图示21）

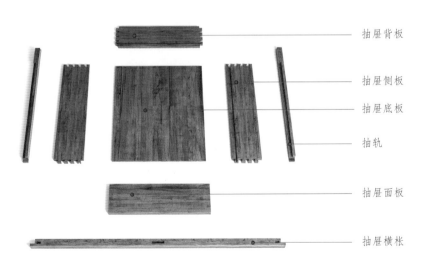

抽屉背板

抽屉侧板

抽屉底板

抽轨

抽屉面板

抽屉横枨

抽屉分解图2（图示22）

家具·明代

31

明式素面立柜

材质：黄花梨

丰款：明代

外观效果图（图示1）

1. 器形点评

　　此立柜对开两门，中有闩杆。门框内落堂镶板，边框安铜面叶和合页，安鱼形拉手。门下有柜膛，柜膛下有直牙板。圆腿直足，足端安铜套足。此柜简洁大方，不饰雕琢，素面朝天，清新简雅。

2. CAD 图示

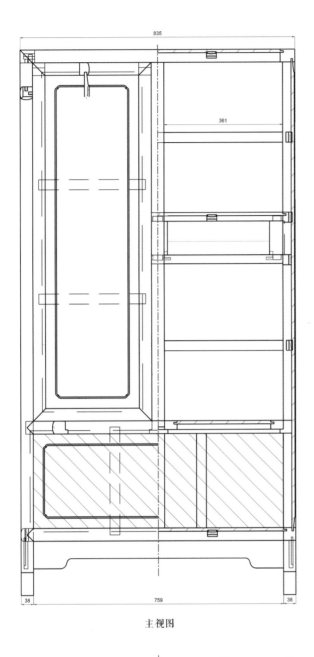

主视图

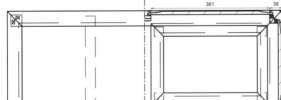

俯视图

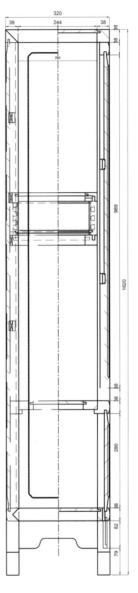

左视图

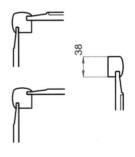

细节图

CAD 结构图（图示 2 ~ 5）

3. 用材效果

外观效果图（材质：黄花梨；图示 6）

外观效果图（材质：紫檀；图示 7）

外观效果图（材质：酸枝；图示 8）

4. 结构解析

闩杆

柜门

腿子

柜膛

牙板

整体结构图（图示 9）

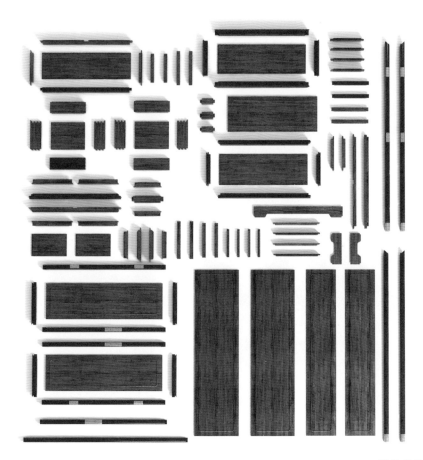

部件结构图（图示 10）

5. 部件详解

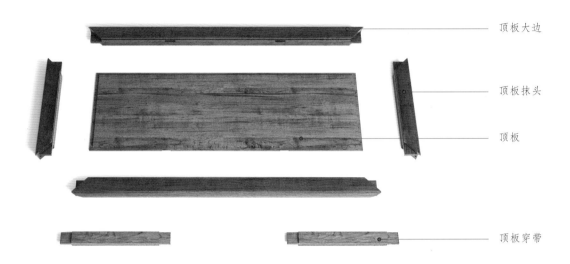

顶板大边

顶板抹头

顶板

顶板穿带

顶层分解图（图示11）

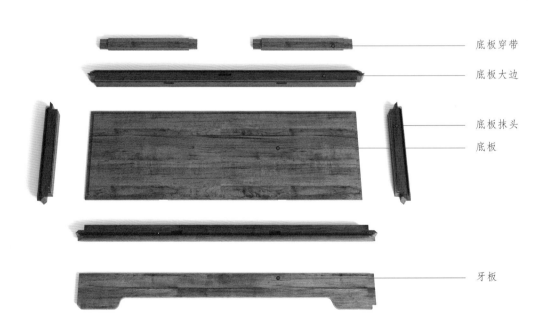

底板穿带

底板大边

底板抹头

底板

牙板

底层分解图（图示12）

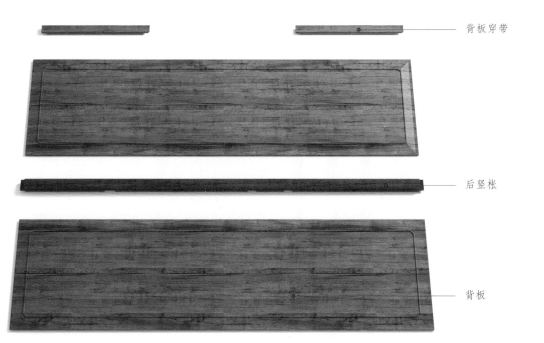

背板穿带

后竖枨

背板

背板穿带

背面分解图（图示13）

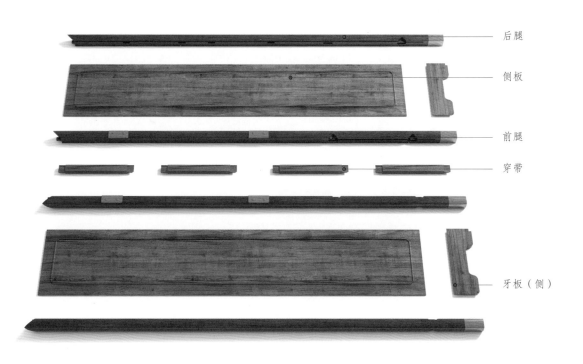

后腿

侧板

前腿

穿带

牙板（侧）

侧面分解图（图示14）

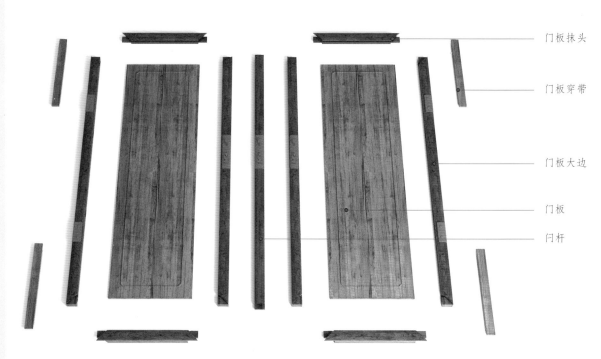

门板抹头

门板穿带

门板大边

门板

闩杆

柜门分解图（图示15）

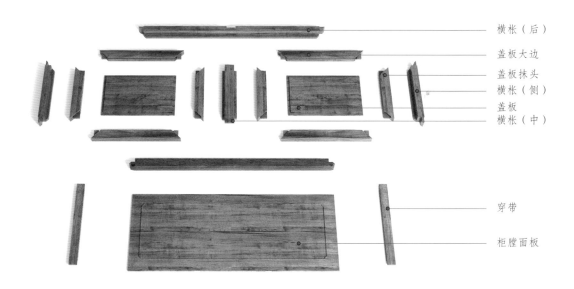

横枨（后）

盖板大边

盖板抹头
横枨（侧）
盖板
横枨（中）

穿带

柜膛面板

柜膛和盖板分解图（图示16）

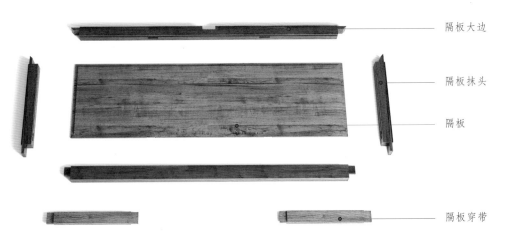

隔板大边

隔板抹头

隔板

隔板穿带

抽屉顶部隔层分解图（图示17）

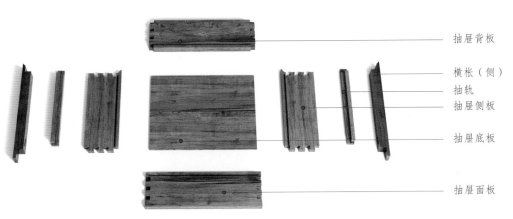

抽屉背板

横枨（侧）
抽轨
抽屉侧板
抽屉底板

抽屉面板

抽屉分解图1（图示18）

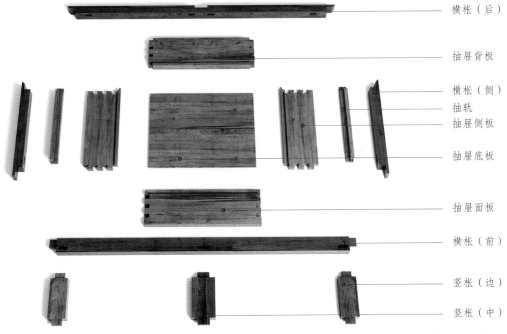

横枨（后）

抽屉背板

横枨（侧）
抽轨
抽屉侧板

抽屉底板

抽屉面板

横枨（前）

竖枨（边）

竖枨（中）

抽屉分解图2（图示19）

明式素面对开门立柜

材质：黄花梨

年款：明代

外观效果图（图示1）

1. 器形点评

　　此柜为四面平式。对开两门，中有闩杆，门框内落堂镶板。边框安铜面叶和合页，安鱼形拉手。门下有柜膛，柜膛下有牙板，牙板正中垂洼堂肚，并浮雕回纹。四足为方材，足端安铜套足。

2. CAD 图示

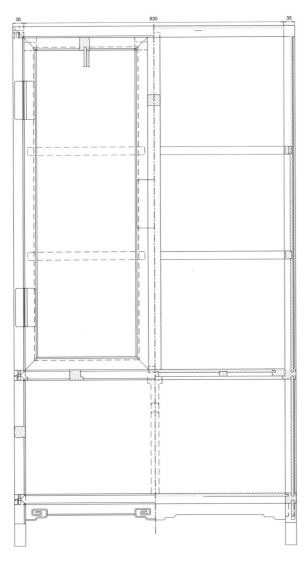

主视图

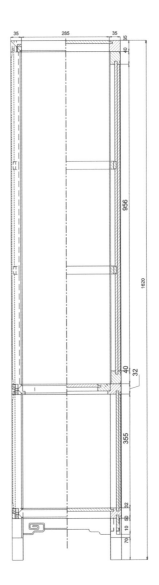

左视图

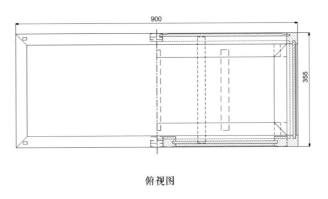

俯视图

CAD 结构图（图示 2 ～ 4）

3. 用材效果

外观效果图（材质：黄花梨；图示 5）

外观效果图（材质：紫檀；图示 6）

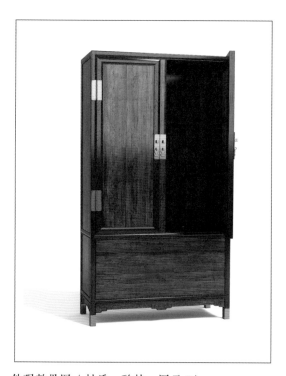

外观效果图（材质：酸枝；图示 7）

4. 结构解析

闩杆

柜门

腿子

柜膛

牙板

整体结构图（图示 8）

部件结构图（图示 9）

皮具·明代

43

5. 部件详解

顶板大边

顶板抹头

顶板

穿带

顶层分解图（图示 10）

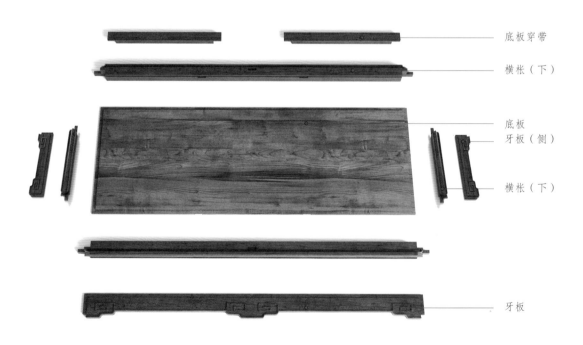

底板穿带

横枨（下）

底板
牙板（侧）

横枨（下）

牙板

底层分解图（图示 11）

穿带

横枨（中）

后竖枨

膛板（背）

背板

穿带

背面分解图（图示 12）

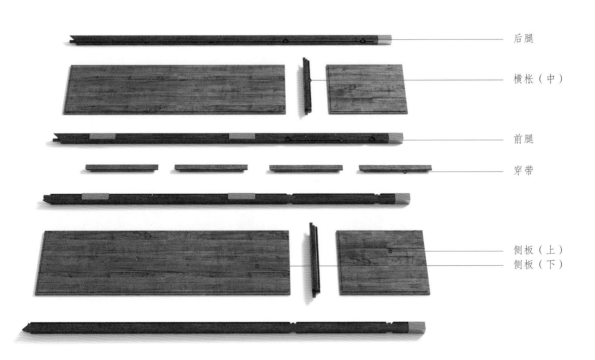

后腿

横枨（中）

前腿

穿带

侧板（上）
侧板（下）

侧面分解图（图示 13）

皮具·明代

门板抹头

门板穿带

门板大边

门板

闩杆

柜门（左）分解图（图示14）

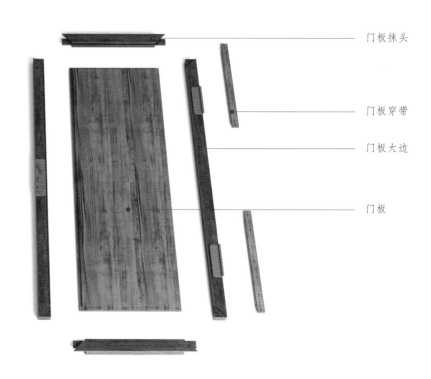

门板抹头

门板穿带

门板大边

门板

柜门（右）分解图（图示15）

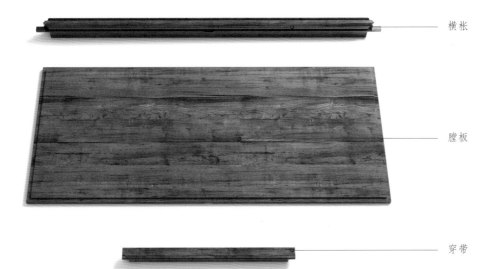

横枨

膛板

穿带

膛板分解图（图示 16）

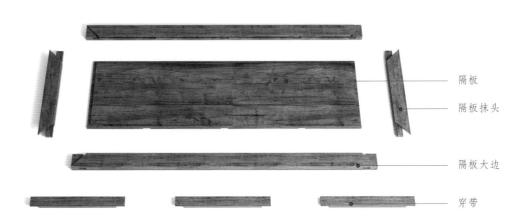

隔板

隔板抹头

隔板大边

穿带

隔层分解图（图示 17）

明式圆角柜

材质：黄花梨

丰款：明代

外观效果图（图示1）

1. 器形点评

此柜柜帽圆角喷出，柜身上窄下宽，四足外挊。上部是对开门的柜子，柜门间有闩杆，门框上安面叶，柜门与柜身之间以门轴相接合。上部柜脚间有牙板。圆角柜的下部为几座，几座上有两具抽屉，屉脸上有吊牌，屉下有闷仓。整器稳重大方，造型复古。

2. CAD 图示

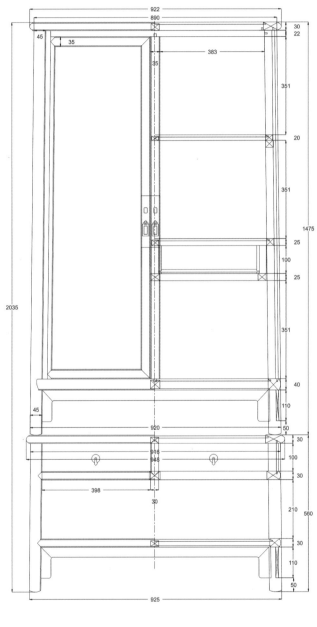

主视图

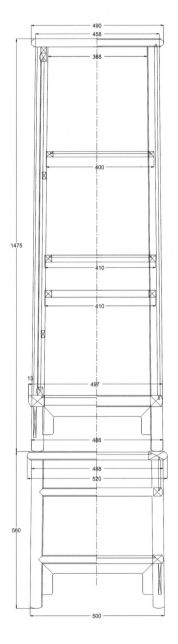

左视图

CAD 结构图（图示 2 ~ 3）

注：俯视结构简单，故省略俯视图。

3. 用材效果

外观效果图（材质：黄花梨；图示 4）

外观效果图（材质：紫檀；图示 5）

外观效果图（材质：酸枝；图示 6）

4.结构解析

柜腿
柜门
几座
牙板

整体结构图（图示7）

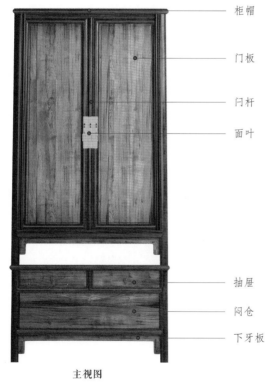

柜帽
门板
闩杆
面叶
抽屉
闷仓
下牙板

主视图

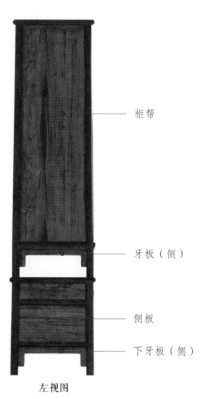

柜帮
牙板（侧）
侧板
下牙板（侧）

左视图

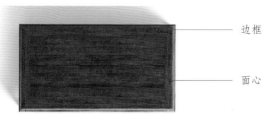

边框
面心

俯视图

明式三面直棂圆角柜

材质：黄花梨

丰款：明代

外观效果图（图示1）

1. 器形点评

此柜柜帽圆角喷出。柜门为对开两门，中有闩杆。柜门及左右两侧装有竖棂条，直棂式柜门中段装绦环板，其上雕螭龙纹。柜门内有一对抽屉。柜腿外挂，两腿之间装牙板，牙板光素无雕刻。

2. CAD 图示

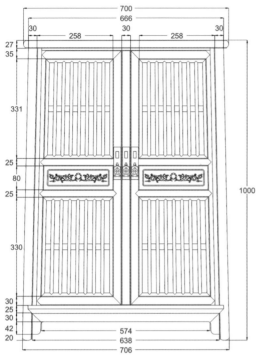

主视图

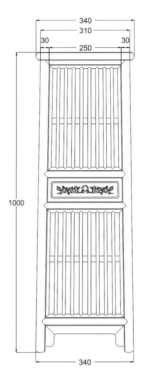

左视图

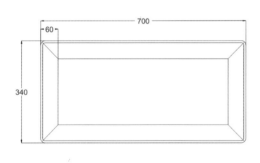

俯视图

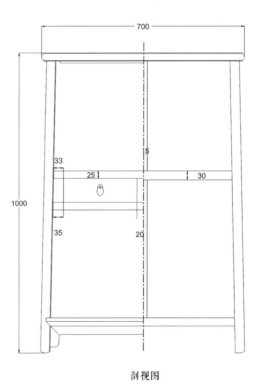

剖视图

CAD 结构图（图示 2 ~ 5）

53

3. 用材效果

外观效果图（材质：黄花梨；图示 6）

外观效果图（材质：紫檀；图示 7）

外观效果图（材质：酸枝；图示 8）

4. 结构解析

柜帽

直棂格

绦环板

牙板

整体结构图（图示9）

柜帽

闩杆

面叶

绦环板

直棂格

腿子

牙板

主视图

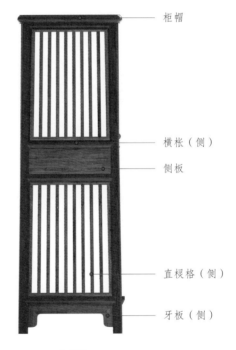

柜帽

横枨（侧）

侧板

直棂格（侧）

牙板（侧）

左视图

面心

边框

俯视图

三视结构图（图示10～12）

5. 雕刻图版

※ 明式三面直棂圆角柜雕刻技艺图

序号	名称	雕刻技艺图	应用部位
1	双螭纹	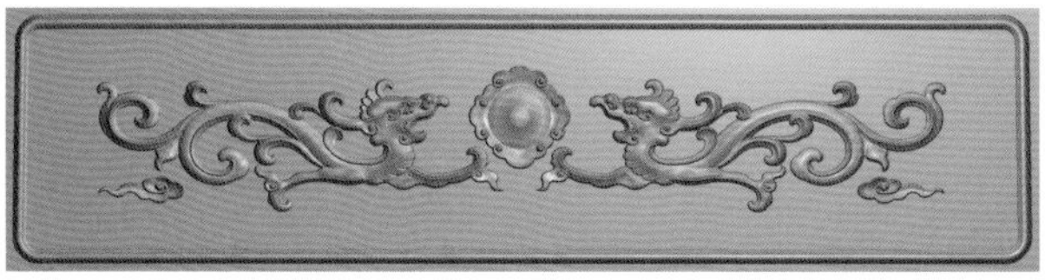	绦环板（左）
2	双螭纹	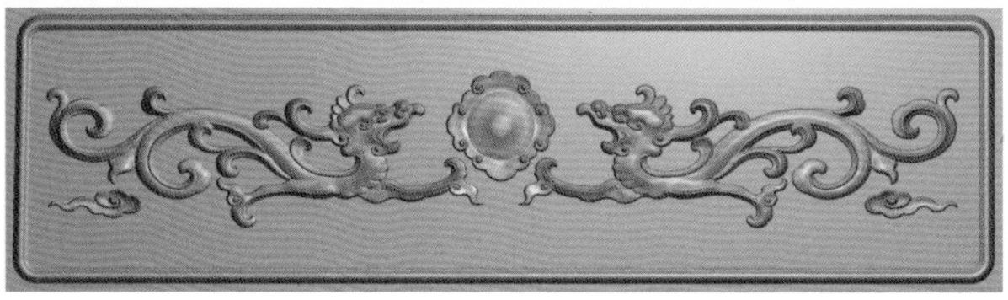	绦环板（右）

雕刻技艺图（图示 13 ~ 14）

明式万字纹小方角柜

材质：黄花梨

年款：明代

外观效果图（图示1）

1. 器形点评

　　此柜为四面平式，对开两门，柜门及左右两侧三面皆以万字纹镂空。每扇柜门正中有横枨，把柜门分成上下两段。柜门边框上装有黄铜面叶。柜门与柜身之间以黄铜合页相接合。柜腿之间有牙板，牙板上雕回纹和如意云头分心花。整器小巧隽秀，造型优雅。

2. CAD 图示

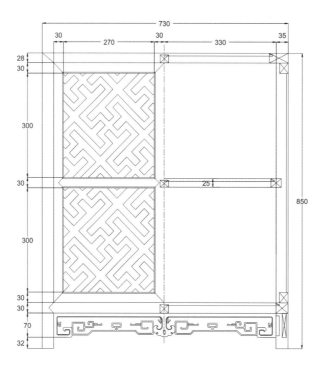

主视图

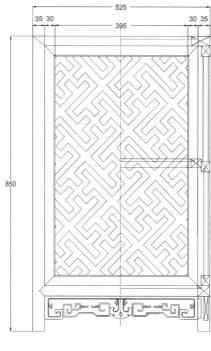

左视图

CAD 结构图（图示 2 ~ 3）

注：俯视结构简单，故省略俯视图。

3. 用材效果

外观效果图（材质：黄花梨；图示 4）

外观效果图（材质：紫檀；图示 5）

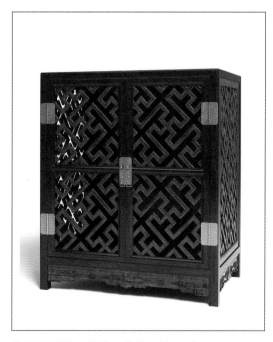

外观效果图（材质：酸枝；图示 6）

4. 结构解析

万字纹镂空

腿子

底枨

牙板

整体结构图（图示 7）

顶板

合页

面叶

万字纹

腿子

底枨

牙板

主视图

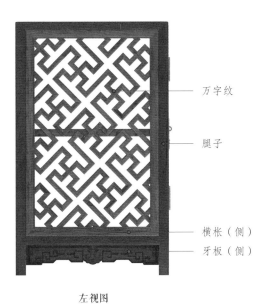

万字纹

腿子

横枨（侧）

牙板（侧）

左视图

边框

面心

俯视图

三视结构图（图示 8 ~ 10）

5.雕刻图版

※ 明式万字纹小方角柜雕刻技艺图

序号	名称	雕刻技艺图	应用部位
1	拐子回纹、如意云头纹		牙板（正）
2	拐子回纹、如意云头纹		牙板（侧）

雕刻技艺图（图示 11 ~ 12）

61

明式直棂小方角柜

材质：黄花梨

年款：明代

外观效果图（图示1）

1. 器形点评

此柜为齐头立方式。柜门对开，柜门和两边侧柜帮皆以直棂镂空，柜门下有柜膛。柜腿方材，直落到地。此柜整体没有雕花装饰，朴素淡雅，清丽精巧。

2. CAD 图示

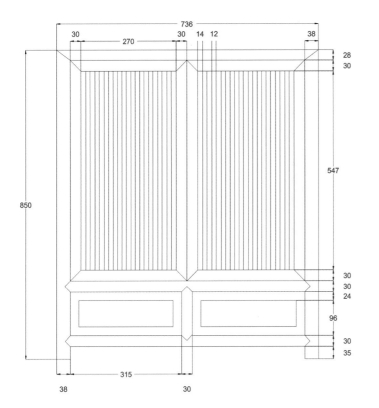

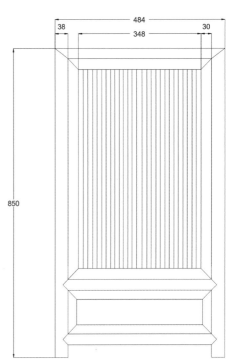

主视图

左视图

CAD 结构图（图示 2 ~ 3）

注：俯视结构简单，故省略俯视图。

3. 用材效果

外观效果图（材质：黄花梨；图示 4）

外观效果图（材质：紫檀；图示 5）

外观效果图（材质：酸枝；图示 6）

4. 结构解析

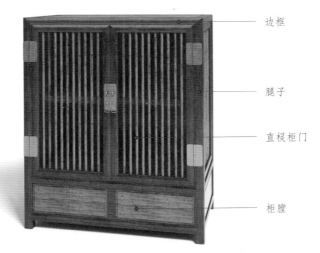

边框

腿子

直棂柜门

柜膛

整体结构图（图示 7）

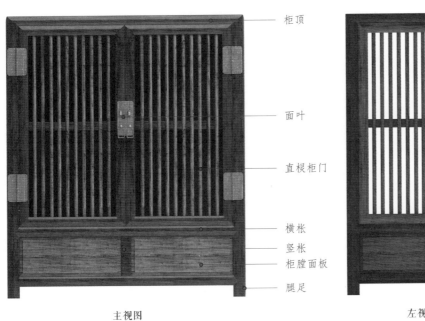

柜顶

面叶

直棂柜门

横枨
竖枨
柜膛面板
腿足

主视图

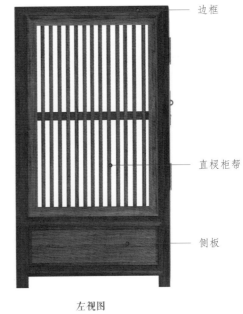

边框

直棂柜帮

侧板

左视图

面心

边框

俯视图

三视结构图（图示 8 ~ 10）

明式万福方角柜

材质：黄花梨

丰款：明代

外观效果图（图示1）

1. 器形点评

此柜通体方正，素面无雕饰，为"一封书"式。上部是两具抽屉，屉脸上安黄铜吊牌。屉下为对开柜门，柜门中安大面积的圆面叶，极为醒目；柜门和柜身之间以圆形黄铜合页相接合。柜腿之间安有牙板，牙板无雕刻。整器光素整洁，方正典雅。

2. CAD 图示

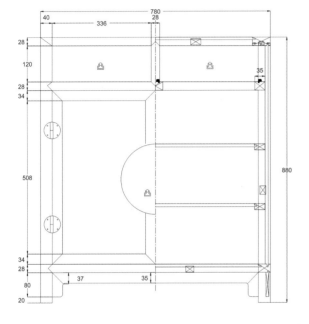

主视图

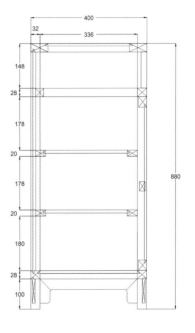

左视图

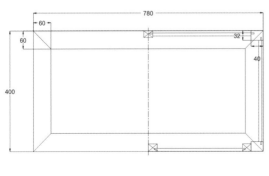

俯视图

CAD 结构图 (图示 2 ~ 4)

3. 用材效果

外观效果图（材质：黄花梨；图示5）

外观效果图（材质：紫檀；图示6）

外观效果图（材质：酸枝；图示7）

4.结构解析

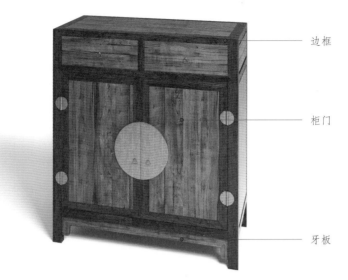

边框

柜门

牙板

整体结构图（图示 8）

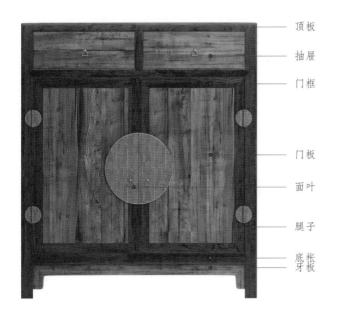

顶板
抽屉
门框

门板
面叶
腿子

底枨
牙板

主视图

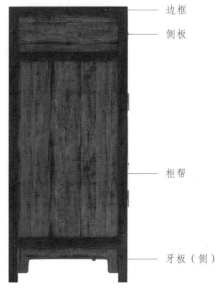

边框
侧板

柜帮

牙板（侧）

左视图

面心

边框

俯视图

三视结构图（图示 9 ~ 11）

明式卷云纹小方角柜

材质：黄花梨

丰款：明代

外观效果图（图示1）

1. 器形点评

此柜为齐头立方式。上部平列三具抽屉，屉脸上装黄铜拉手。屉下是两柜，有四扇对开柜门。柜门中装长方形委角卷云纹面叶，柜门和柜身之间皆以黄铜合页相接合。柜腿之间安牙板。整器全无雕饰，清新光洁。

2. CAD 图示

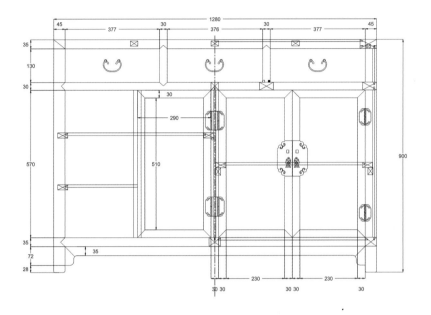

主视图

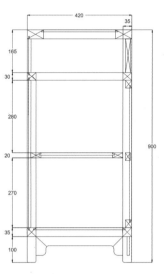

左视图

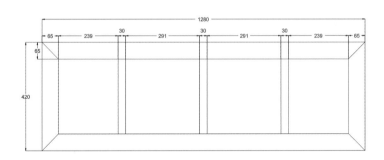

俯视图

CAD 结构图（图示 2 ～ 4 ）

3. 用材效果

大
成
若
缺

外观效果图（材质：黄花梨；图示 5）

外观效果图（材质：紫檀；图示 6）

外观效果图（材质：酸枝；图示 7）

4. 结构解析

边框
抽屉

面叶

牙板

整体结构图（图示8）

边框
抽屉
横枨
门板
面叶
腿子

牙板

主视图

边框

横枨（侧）

柜帮

牙板（侧）

左视图

面心

边框

俯视图

皮具·明代

三视结构图（图示 9 ~ 11）

清式券口多宝格

材质：黄花梨

年款：清代

外观效果图（图示1）

1. 器形点评

　　此多宝格为齐头立方式。上部开有高低错落的七格，中间以立墙分隔，亮格正面及两侧透空。每格正面上部安回纹券口牙子，侧面下部镶挡板，中开鱼门洞透光。下部平设两具抽屉，抽屉下设柜子，柜门下安牙板。四腿为方材，直落到地。

2. CAD 图示

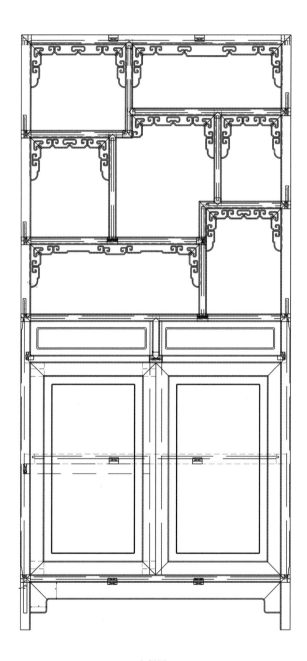

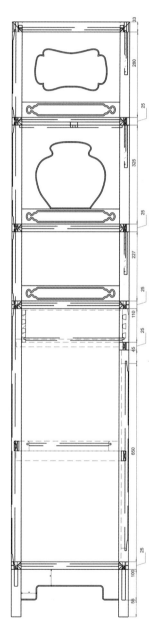

主视图　　　　　　　　　　　　　　左视图

CAD 结构图（图示 2～3）

注：俯视结构简单，故省略俯视图。

3. 用材效果

大成若缺

外观效果图（材质：黄花梨；图示 4）

外观效果图（材质：紫檀；图示 5）

外观效果图（材质：酸枝；图示 6）

4. 结构解析

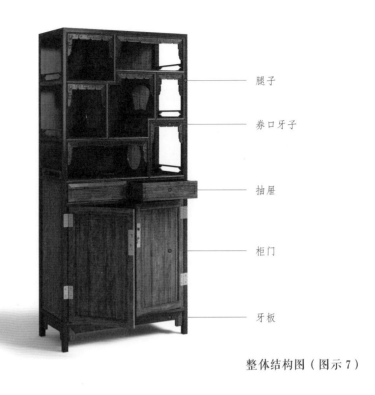

腿子

券口牙子

抽屉

柜门

牙板

整体结构图（图示 7）

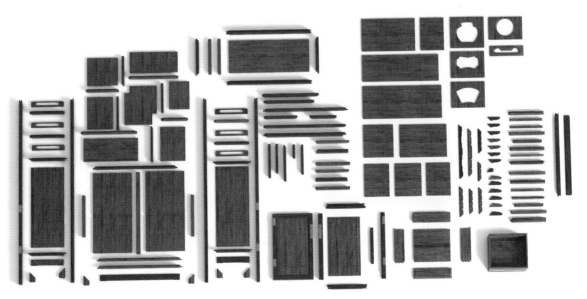

部件结构图（图示 8）

5. 部件详解

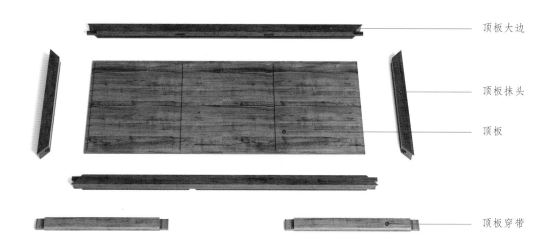

顶板大边

顶板抹头

顶板

顶板穿带

顶层分解图（图示 9）

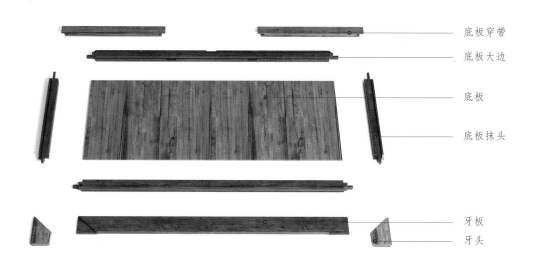

底板穿带

底板大边

底板

底板抹头

牙板
牙头

底层分解图（图示 10）

穿带

背板边框

背板边框

背板边框
背板
背板

背面分解图（图示11）

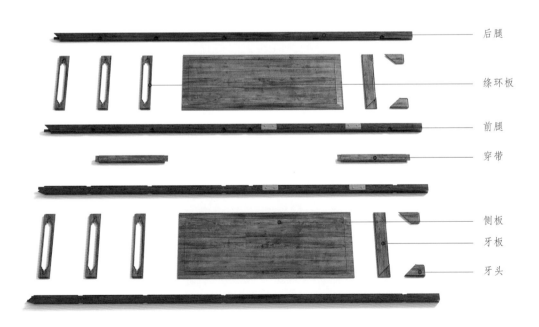

后腿

绦环板

前腿

穿带

侧板
牙板
牙头

侧面分解图（图示12）

皮具·清代

门板抹头

门板大边

门板

柜门穿带

柜门分解图（图示 13）

隔板大边

隔板抹头

隔板

穿带

底部隔层分解图（图示 14）

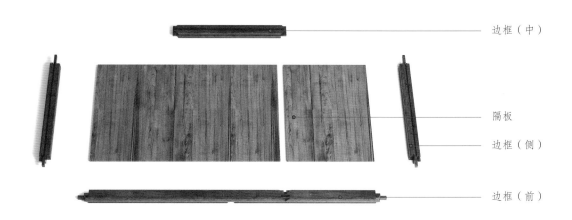

边框（中）

隔板

边框（侧）

边框（前）

抽屉顶部隔层分解图（图示 15）

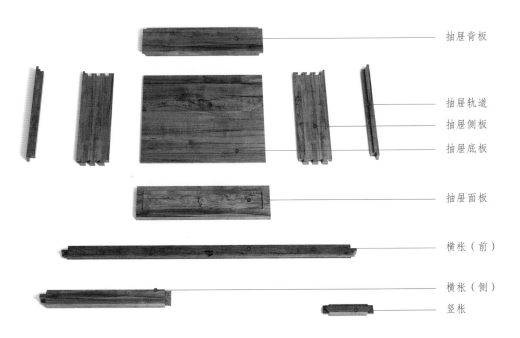

抽屉背板

抽屉轨道
抽屉侧板
抽屉底板

抽屉面板

横枨（前）

横枨（侧）
竖枨

抽屉分解图（图示 16）

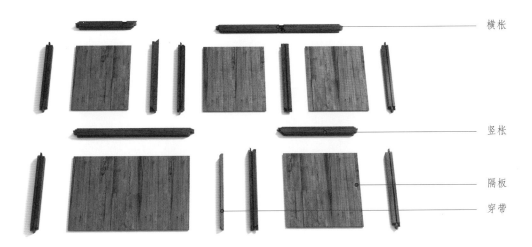

横枨

竖枨

隔板

穿带

亮格隔层分解图（图示 17）

牙头
牙板

横枨

挡板

竖枨

券口牙子及挡板分解图（图示 18）

清式四美图多宝格

材质：黄花梨

年款：清代

外观效果图（图示1）

1. 器形点评

　　此多宝格成对一组，为齐头立方式。多宝格分为三部分：上部被分成不规则的几个亮格，格上安券口牙子，券口装饰博古线。中间是两具抽屉，屉脸上装黄铜吊牌，装饰有博古线、卷草纹等（详见 CAD 图示）。下部是对开的柜门，柜门四周雕云纹，四扇柜门中心分别雕昭君出塞、貂蝉拜月、贵妃醉酒、西施浣纱的图案（详见 CAD 图示）。

2. CAD 图示

主视图

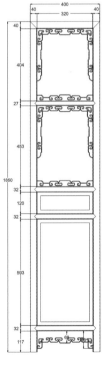

左视图

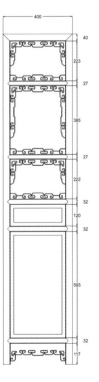

右视图

CAD 结构图（图示 2～4）

注：俯视结构简单，故省略俯视图。

3. 用材效果

外观效果图（材质：黄花梨；图示 5）

外观效果图（材质：紫檀；图示 6）

外观效果图（材质：酸枝；图示 7）

4. 结构解析

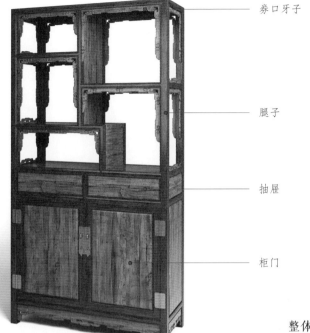

券口牙子

腿子

抽屉

柜门

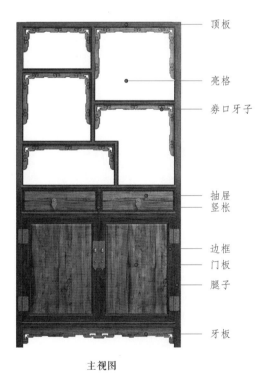

顶板

亮格

券口牙子

抽屉
竖枨

边框
门板
腿子

牙板

主视图

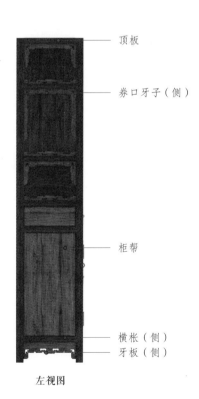

顶板

券口牙子（侧）

柜帮

横枨（侧）
牙板（侧）

左视图

边框

面心

俯视图

三视结构图（图示 9～11）

皮具·清代

5. 雕刻图版

※ 清式四美图多宝格雕刻技艺图

序号	名称	雕刻技艺图	应用部位
1	昭君出塞图		柜门门板
2	贵妃醉酒图		柜门门板
3	貂蝉拜月图		柜门门板
4	西施浣纱图		柜门门板

雕刻技艺图（图示 12 ~ 15）

清式春意满园多宝格

<u>材质：黄花梨</u>

<u>丰款：清代</u>

外观效果图（图示1）

1. 器形点评

  此多宝格格顶处高束腰镶绦环板，圆角喷出。多宝格框架皆雕回纹，每格装饰的角牙上雕有螭龙纹和如意纹。侧面安有委角长方形圈口，圈口四周安卷草纹角牙。多宝格正面被界分出大小形状不同的空间。下方的两个柜门上雕刻香炉、画筒、铜钱、如意、聚宝盆等纹饰。四条腿直下，腿之间安罗锅枨，枨上安卡子花。此多宝格工艺精美，做工考究。

2. CAD 图示

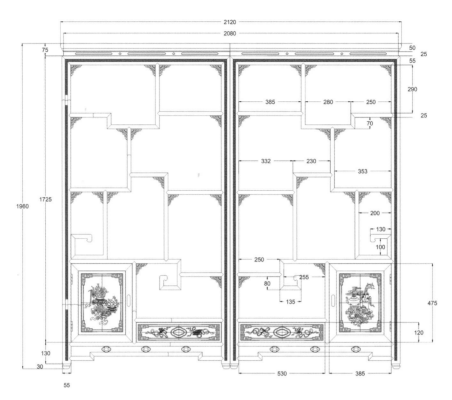

主视图

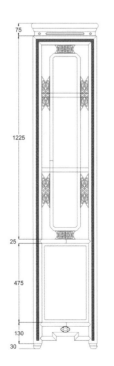

左视图（左柜）

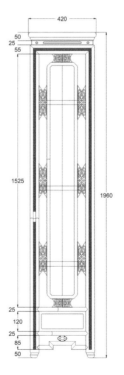

右视图（左柜）

CAD 结构图（图示 2 ~ 4）

注：俯视结构简单，故省略俯视图。

3. 用材效果

外观效果图（材质：黄花梨；图示5）

外观效果图（材质：紫檀；图示6）

外观效果图（材质：酸枝；图示7）

庋具·清代

89

4. 结构解析

角牙

隔板

柜门

整体结构图（图示 8）

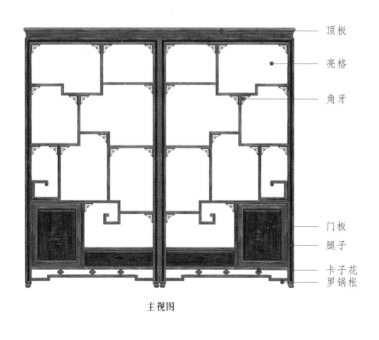

顶板

亮格

角牙

门板
腿子

卡子花
罗锅枨

主视图

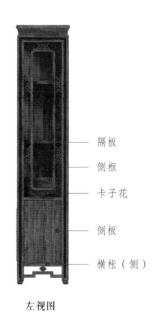

隔板

侧框

卡子花

侧板

横枨（侧）

左视图

面心

边框

俯视图

三视结构图（图示 9 ~ 11）

5. 雕刻图版

※ 清式春意满园多宝格雕刻技艺图

序号	名称	雕刻技艺图	应用部位
1	暗八仙纹		抽屉脸
2	暗八仙纹		抽屉脸

雕刻技艺图（图示 12 ~ 13）

清式回纹多宝格

材质：黄花梨

年款：清代

外观效果图（图示1）

1. 器形点评

　　此多宝格的格身被分为数个空间，每个空间侧面以立墙相隔，其上开各式透光。每个空间的正面都装有透雕回纹花牙子。在多宝格右下方装有一具抽屉，屉脸上雕螭龙纹。格身有束腰，鼓腿彭牙，内翻马蹄足。整器造型优美，款式新颖，给人以视觉上的独特享受。

2. CAD 图示

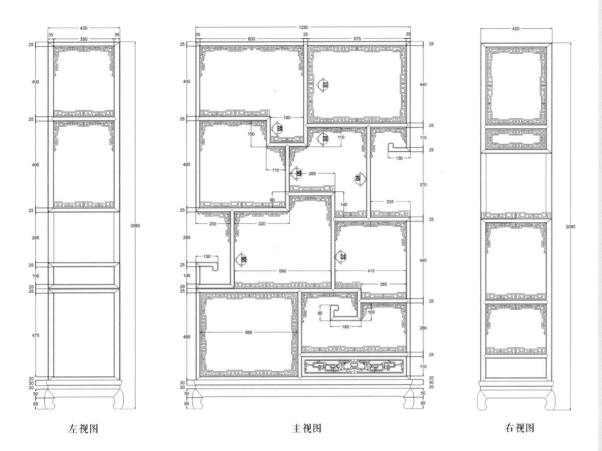

左视图　　　　　　　　　　　　主视图　　　　　　　　　　　　右视图

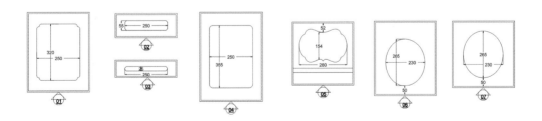

细节图

CAD 结构图（图示 2 ~ 5）

3. 用材效果

大
成
若
缺

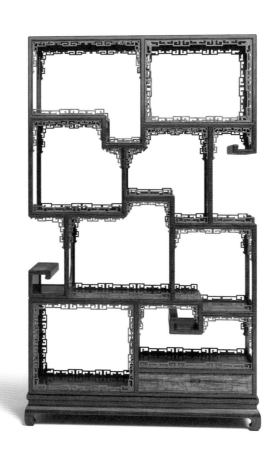

外观效果图（材质：黄花梨；图示 6）

外观效果图（材质：紫檀；图示 7）

外观效果图（材质：酸枝；图示 8）

4. 结构解析

整体结构图（图示 9）

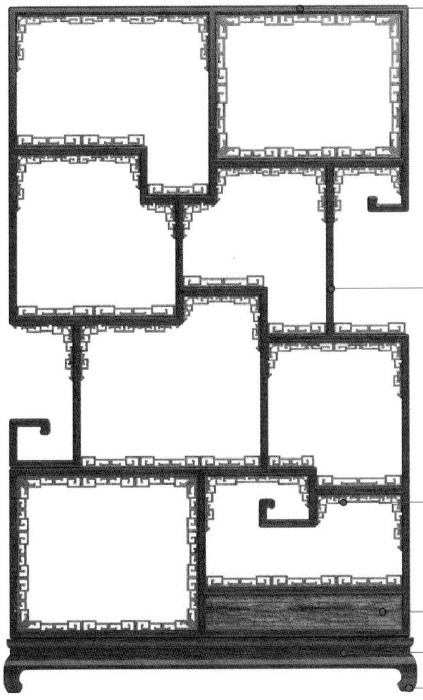

主视图

俯视图

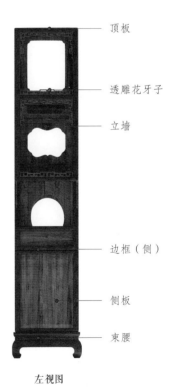

左视图

三视结构图（图示 10 ~ 12）

顶板
立墙
透雕花牙子
抽屉
束腰
腿足

边框
面心

顶板
透雕花牙子
立墙
边框（侧）
侧板
束腰

5. 雕刻图版

※ 清式回纹多宝格雕刻技艺图

序号	名称	雕刻技艺图	应用部位
1	螭龙纹	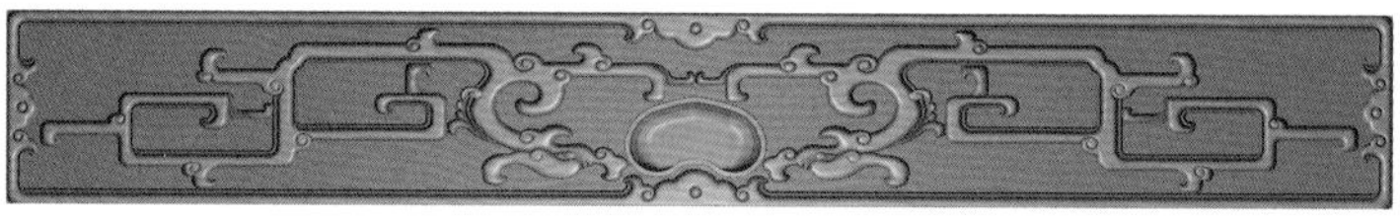	抽屉脸
2	拐子回纹	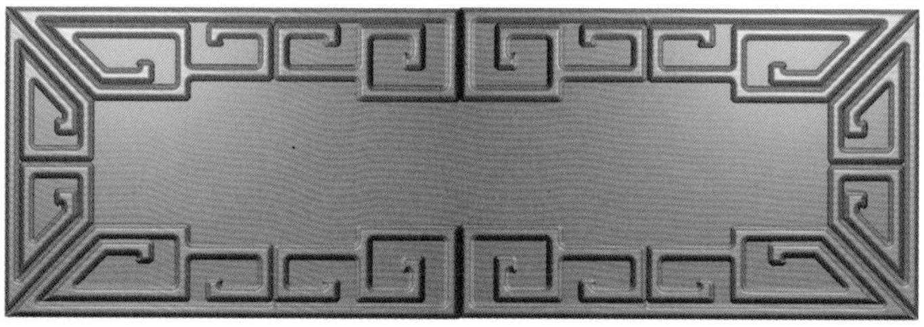	花牙子

雕刻技艺图（图示 13 ~ 14）

清式西番莲纹万历柜

材质：黄花梨

年款：清代

外观效果图（图示 1）

1. 器形点评

此柜整体为齐头立方式。柜上部是亮格，三面空敞；圈口牙子上雕卷云纹和卷草纹。柜门分上下两段镶板，雕西番莲纹，华丽大方。柜门边框上装有黄铜条状面叶，柜门以黄铜合页与柜身相接合。柜身下部有一条窄束腰。柜腿为三弯腿，腿间装壶门牙板，牙板上雕卷草纹。

2. CAD 图示

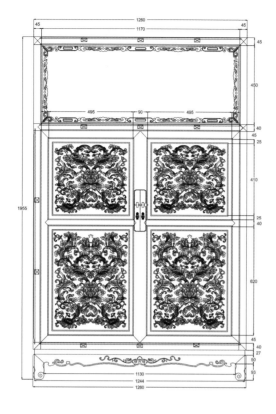

主视图

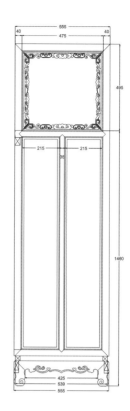

左视图

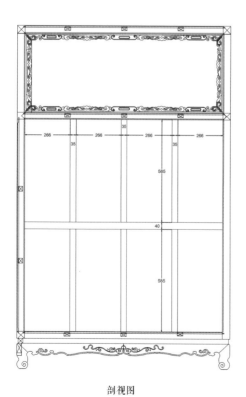

剖视图

CAD 结构图（图示 2 ～ 4）

注：俯视结构简单，故省略俯视图。

3. 用材效果

外观效果图（材质：黄花梨；图示 5）

外观效果图（材质：紫檀；图示 6）

外观效果图（材质：酸枝；图示 7）

4.结构解析

圈口牙子

雕花门板

牙板

整体结构图（图示8）

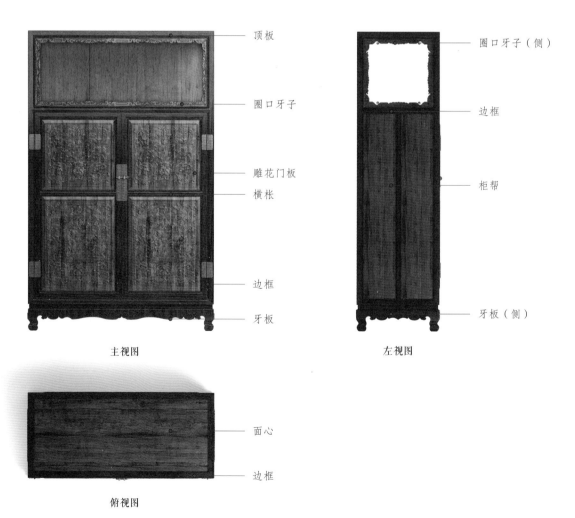

顶板

圈口牙子

雕花门板
横枨

边框

牙板

主视图

圈口牙子（侧）

边框

柜帮

牙板（侧）

左视图

面心

边框

俯视图

三视结构图（图示9～11）

5.雕刻图版

※ 清式西番莲纹万历柜雕刻技艺图

序号	名称	雕刻技艺图	应用部位
1	卷云纹		圈口牙子
2	卷草纹	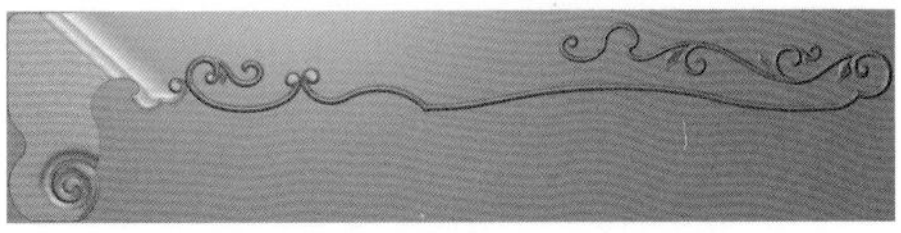	牙板牙头
3	西番莲纹		上门板
4	西番莲纹		下门板

雕刻技艺图（图示 12 ~ 16）

清式双抽屉亮格柜

材质：黄花梨

年款：清代

外观效果图（图示1）

1. 器形点评

此柜为齐头立方式。柜上层有亮格，中间以两块隔板将亮格分为三层，亮格下是两具抽屉，两屉下为柜。抽屉脸上雕螭龙纹，装黄铜吊牌。柜门雕琴棋书画人物故事图，安黄铜长方形面叶。柜腿之间有牙板，上雕螭龙、蝙蝠等纹饰。

2. CAD 图示

主视图

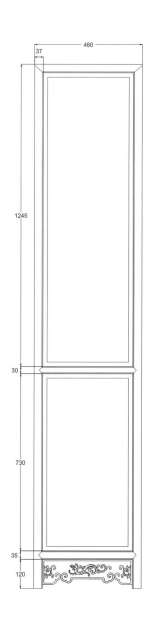

左视图

CAD 结构图（图示 2～3）

3. 用材效果

外观效果图（材质：黄花梨；图示 4）

外观效果图（材质：紫檀；图示 5）

外观效果图（材质：酸枝；图示 6）

4.结构解析

整体结构图（图示 7）

隔板

抽屉

柜门

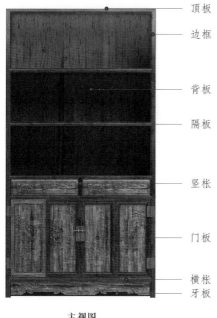

主视图

顶板
边框
背板
隔板
竖枨
门板
横枨
牙板

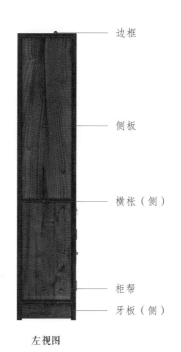

左视图

边框
侧板
横枨（侧）
柜帮
牙板（侧）

俯视图

边框
面心

三视结构图（图示 8 ~ 10）

5. 雕刻图版

※ 清式双抽屉亮格柜雕刻技艺图

序号	名称	雕刻技艺图	应用部位
1	琴棋书画 人物故事图	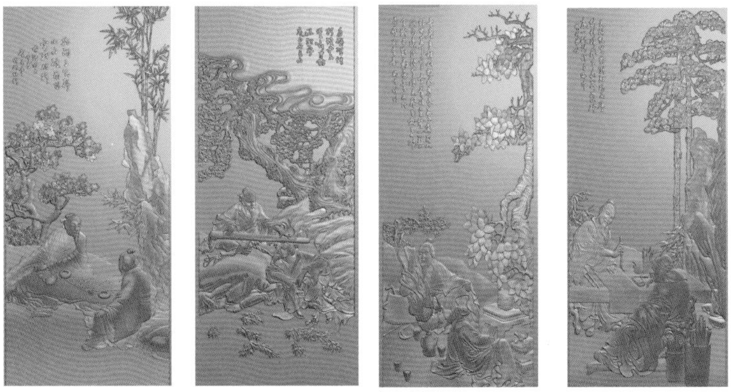	柜门门板
2	螭龙纹		牙板

雕刻技艺图（图示 11～15）

清式四簇云纹方角柜

材质：黄花梨

年款：清代

外观效果图（图示 1）

1. 器形点评

　　此柜为齐头立方式，棱角分明，柜身分为上下两部分。每扇柜门均以四簇云纹和团螭龙纹镂雕，柜顶和柜帮（立墙）亦有镂空。上下柜体之间有两具抽屉，屉脸上雕螭龙纹，装黄铜吊牌。柜门上装黄铜条状面叶，柜门以黄铜合页与柜身相接合。柜腿之间有牙板，牙板光素。

2. CAD 图示

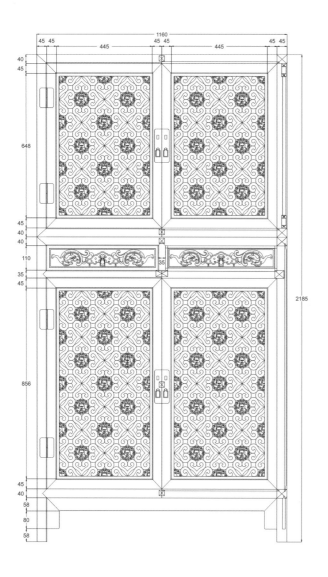

主视图

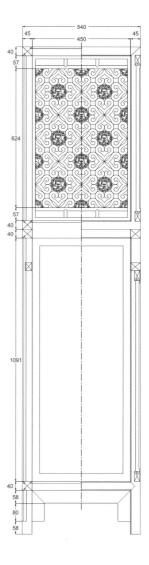

左视图

CAD 结构图（图示 2 ~ 3）

注：俯视结构简单，故省略俯视图。

3. 用材效果

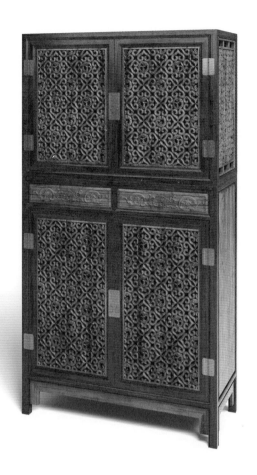

外观效果图（材质：黄花梨；图示 4）

外观效果图（材质：紫檀；图示 5）

外观效果图（材质：酸枝；图示 6）

4. 结构解析

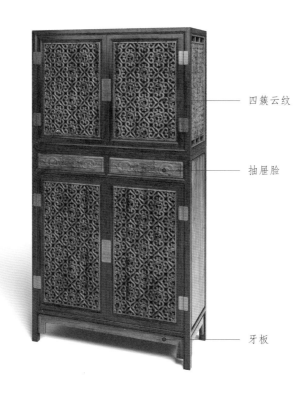

四簇云纹

抽屉脸

牙板

整体结构图（图示 7）

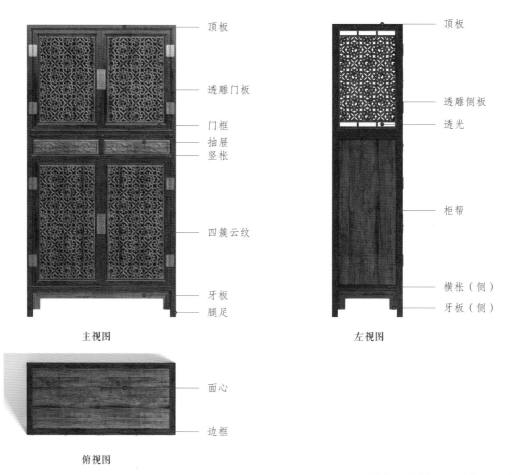

顶板

透雕门板

门框

抽屉

竖枨

四簇云纹

牙板

腿足

主视图

顶板

透雕侧板

透光

柜帮

横枨（侧）

牙板（侧）

左视图

面心

边框

俯视图

三视结构图（图示 8 ~ 10）

5. 雕刻图版

※ 清式四簇云纹方角柜雕刻技艺图

序号	名称	雕刻技艺图	应用部位
1	四簇云纹、团螭龙纹		柜门门板
2	螭龙纹、如意云头纹		抽屉脸

雕刻技艺图（图示 11 ~ 12）

清式福磬纹书柜

<u>材质：黄花梨</u>

<u>年款：清代</u>

外观效果图（图示1）

1. 器形点评

此书柜通体高挑方正。上部的柜门镂空，中镶子框，以结子花与门框相接，柜门以黄铜合页与柜身相连，两扇柜门之上装黄铜条状面叶。中部是两具抽屉，屉脸上雕蝙蝠纹和铜钱纹，安黄铜吊牌。两屉之下是对开柜门，柜门上雕福磬纹和云纹，装饰以博古线。

2. CAD 图示

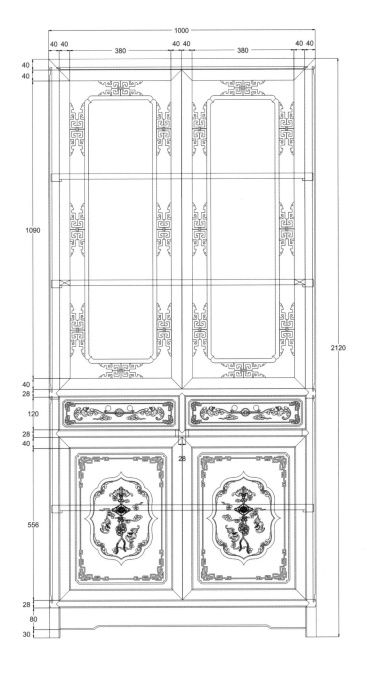

主视图（含剖视）

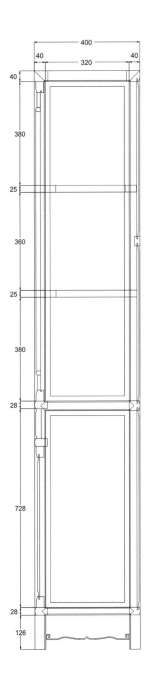

右视图（含剖视）

CAD 结构图（图示 2 ~ 3）

注：俯视结构简单，故省略俯视图。

3. 用材效果

外观效果图（材质：黄花梨；图示 4）

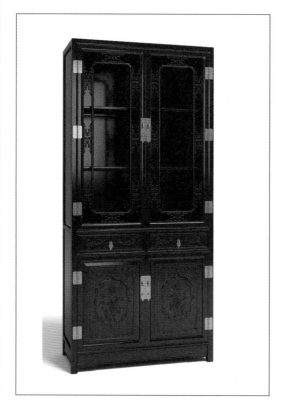

外观效果图（材质：紫檀；图示 5）

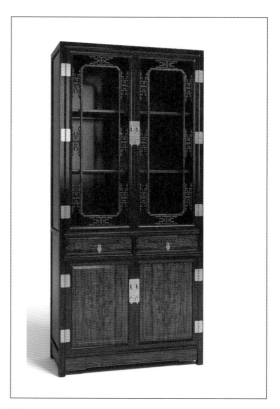

外观效果图（材质：酸枝；图示 6）

4. 结构解析

结子花
隔板
抽屉
柜门

整体结构图（图示 7）

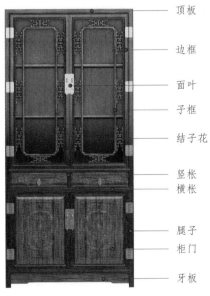

顶板
边框
面叶
子框
结子花
竖枨
横枨
腿子
柜门
牙板

主视图

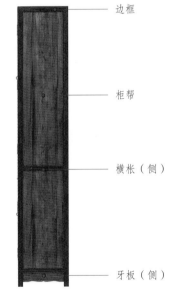

边框
柜帮
横枨（侧）
牙板（侧）

左视图

边框
面心

俯视图

三视结构图（图示 8 ~ 10）

5. 雕刻图版

※ 清式福磬纹书柜雕刻技艺图

序号	名称	雕刻技艺图	应用部位
1	福磬纹、回纹、四合云纹		柜门门板
2	拐子纹		结子花
3	蝙蝠纹、铜钱纹		抽屉脸

雕刻技艺图（图示 11 ~ 13）

清式十字枨攒四合如意纹书柜

材质：黄花梨

年款：清代

外观效果图（图示 1）

1. 器形点评

　　此书柜成对一组，为齐头立方式，造型上显得刚劲有力。柜子上部是两扇对开的镂空柜门，门上以十字枨攒四合如意纹，柜门以黄铜合页与柜身相接合，两门上装黄铜条状面叶。中间是两具抽屉，屉脸上雕螭龙纹。再下是对开柜门，柜门上雕春、夏、秋、冬四季风景，安装黄铜条状面叶。柜腿之间有牙板，牙板光素。

2. CAD 图示

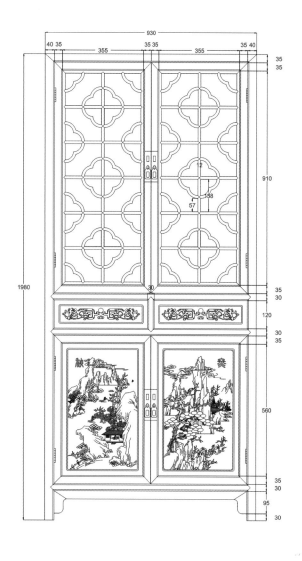

主视图

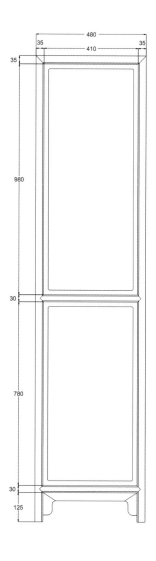

左视图

CAD 结构图（图示 2 ~ 3）

注：俯视结构简单，故省略俯视图。三视图仅画单柜。

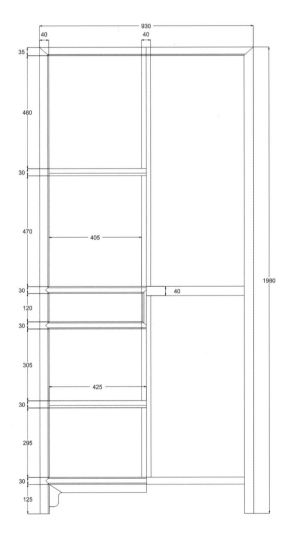

剖视图

细节图1

细节图2

CAD 结构图（图示 4 ~ 6）

3. 用材效果

大成若缺

外观效果图（材质：黄花梨；图示 7）

外观效果图（材质：紫檀；图示 8）

外观效果图（材质：酸枝；图示 9）

4. 结构解析

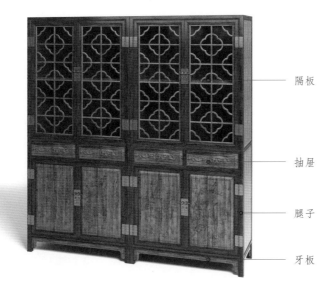

整体结构图（图示10）

隔板

抽屉

腿子

牙板

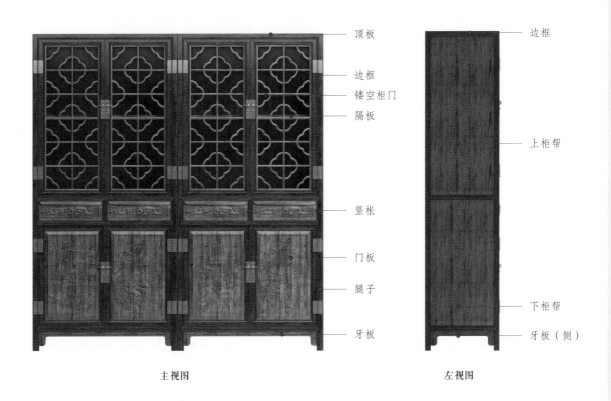

顶板

边框

镂空柜门

隔板

竖枨

门板

腿子

牙板

主视图

边框

上柜帮

下柜帮

牙板（侧）

左视图

面心

边框

俯视图

三视结构图（图示 11 ~ 13）

5. 雕刻图版

※ 清式十字枨攒四合如意纹书柜雕刻技艺图

序号	名称	雕刻技艺图	应用部位
1	春景和夏景图	 	柜门门板
2	秋景和冬景图	 	柜门门板
3	双螭拱璧纹		抽屉脸

雕刻技艺图（图示 14 ～ 18）

清式福磬有余书柜

材质：黄花梨

丰款：清代

外观效果图（图示1）

1. 器形点评

　　此柜为齐头立方式。上部是两扇对开的镂空柜门，柜门以双枨相隔，分为三段，每段内沿镶透雕拐子螭龙纹圈口。柜门与柜身之间以黄铜合页相接合。亮格两侧开敞，安圈口牙子。中部是两具抽屉，抽屉脸上雕螭龙纹，安黄铜吊牌。下方是对开柜门，柜门上雕福磬有余纹和螭龙纹。柜腿之间装牙板，牙板光素，起边线。

2. CAD 图示

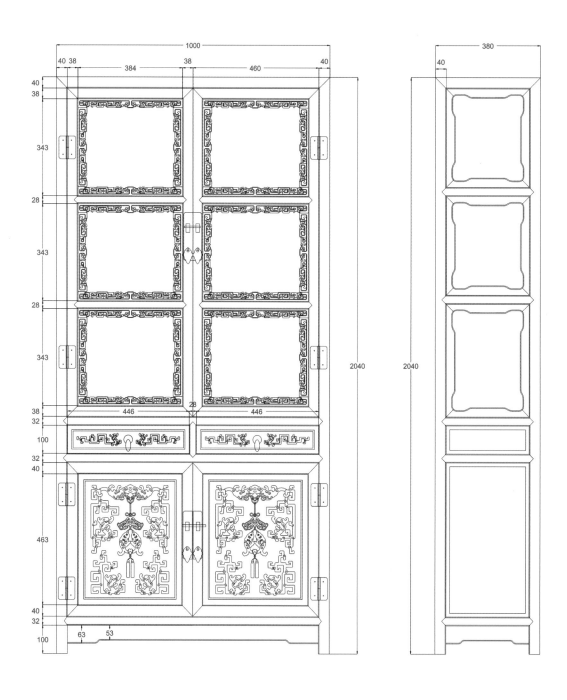

主视图   左视图

CAD 结构图（图示 2 ~ 3）

注：俯视结构简单，故省略俯视图。

3. 用材效果

外观效果图（材质：黄花梨；图示4）

外观效果图（材质：紫檀；图示5）

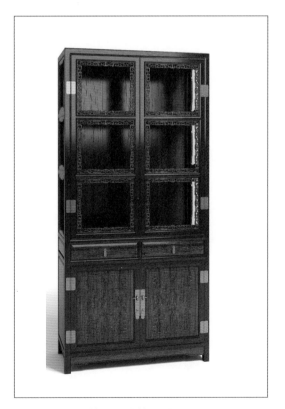

外观效果图（材质：酸枝；图示6）

4. 结构解析

圈口牙子

抽屉

门板

整体结构图（图示 7）

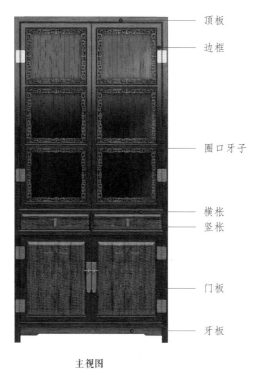

顶板
边框

圈口牙子

横枨
竖枨

门板

牙板

主视图

边框

面心

俯视图

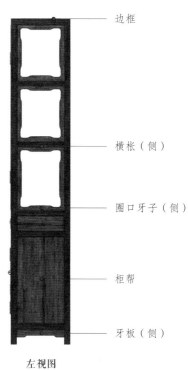

边框

横枨（侧）

圈口牙子（侧）

柜帮

牙板（侧）

左视图

三视结构图（图示 8 ~ 10）

大成若缺

5. 雕刻图版

※ 清式福磬有余书柜雕刻技艺图

序号	名称	雕刻技艺图	应用部位
1	福磬有余纹	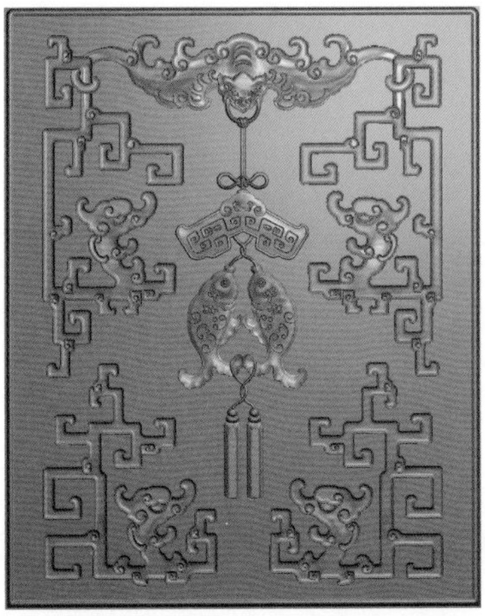	柜门门板
2	双螭拱璧纹	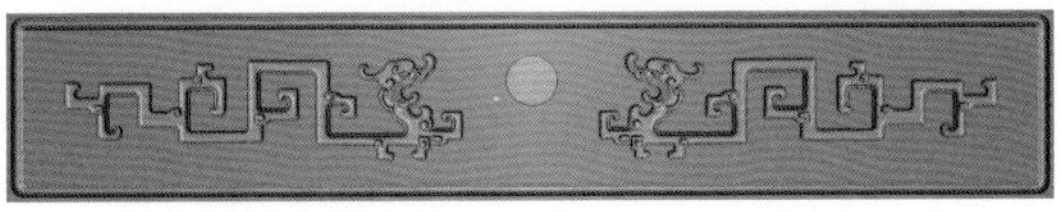	抽屉脸

雕刻技艺图（图示 11 ~ 12）

清式回纹亮格书柜

材质：黄花梨

丰款：清代

外观效果图（图示1）

1. 器形点评

　　此柜成对一组，通体方正。柜身空间可分为四部分：上部是两层亮格，圈口透雕卷草纹和回纹。亮格下有两具抽屉，屉脸上装吊牌，雕螭龙纹。两屉下又是一层亮格，圈口和上方亮格圈口纹饰相同。最下面是对开柜门，柜门上雕瑞兽，瑞兽背伏宝瓶，宝瓶中分别插着牡丹花、梅花、荷花和菊花。柜腿之间安牙板，牙板光素。

2. CAD 图示

主视图　　　　　　　　　　　　左视图

CAD 结构图（图示 2 ~ 3）

注：俯视结构简单，故省略俯视图。

3. 用材效果

外观效果图（材质：黄花梨；图示 4）

外观效果图（材质：紫檀；图示 5）

外观效果图（材质：酸枝；图示 6）

4. 结构解析

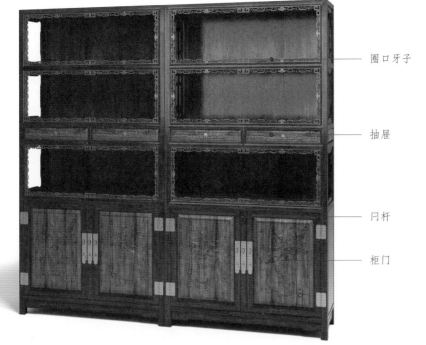

圈口牙子

抽屉

闩杆

柜门

整体结构图（图示7）

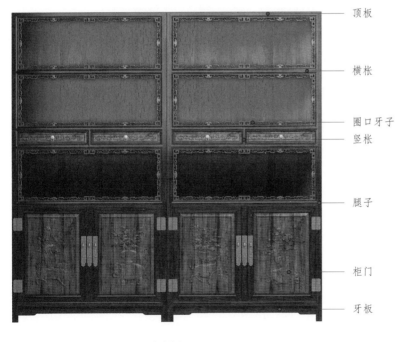

顶板

横枨

圈口牙子

竖枨

腿子

柜门

牙板

主视图

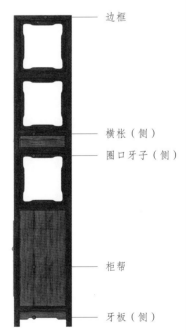

边框

横枨（侧）

圈口牙子（侧）

柜帮

牙板（侧）

左视图

边框

面心

俯视图

三视结构图（图示8~10）

皮具·清代

5. 雕刻图版

※ 清式回纹亮格书柜雕刻技艺图

序号	名称	雕刻技艺图	应用部位
1	瑞兽驮瓶纹	   	柜门门板
2	双螭拱璧纹		抽屉脸
3	回纹、卷草纹		圈口牙子

雕刻技艺图（图示 11 ~ 16）

132

清式四君子书柜

材质：黄花梨

年款：清代

外观效果图（图示1）

1. 器形点评

　　此柜柜帽圆角喷出，柜身可分为上下两部分，背板相连。柜身上部略窄，柜门为万字纹镂空，中间镶扇形浮雕花板，分别雕梅、兰、竹、菊的图案。柜帮为风车式棂格镂空，空灵生动。柜身下部略宽，柜门亦为万字纹镂空，中间镶雕刻喜鹊、月季图案的梅花形花板。柜下四角有垫足。

2. CAD 图示

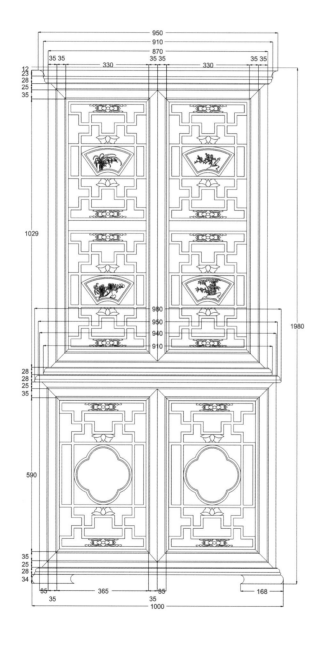

主视图

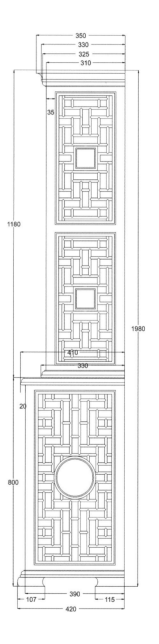

右视图

CAD 结构图（图示 2 ~ 3）

注：俯视结构简单，故省略俯视图。柜门花板雕刻见雕刻技艺图。

3. 用材效果

外观效果图（材质：黄花梨；图示 4）

外观效果图（材质：紫檀；图示 5）

外观效果图（材质：酸枝；图示 6）

4. 结构解析

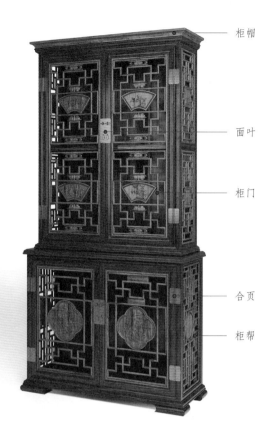

柜帽

面叶

柜门

合页

柜帮

整体结构图（图示 7 ）

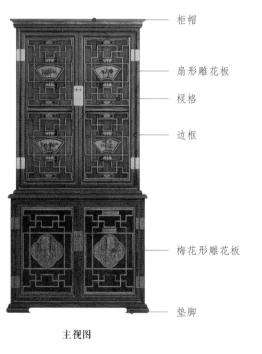

柜帽

扇形雕花板

棂格

边框

梅花形雕花板

垫脚

主视图

边框

面心

俯视图

柜帽

横枨（侧）

方形绦环板

棂格

圆形绦环板

左视图

三视结构图（图示 8 ~ 10 ）

5. 雕刻图版

※ 清式四君子书柜雕刻技艺图

序号	名称	雕刻技艺图	应用部位
1	梅兰竹菊纹	   	柜子上部 柜门镶板
2	花鸟纹		柜子下部 柜门镶板

雕刻技艺图（图示 11 ~ 15）

清式竹节纹书柜

材质：黄花梨

年款：清代

外观效果图（图示1）

1. 器形点评

　　此柜呈齐头立方式，做成亮格柜形式。上半部为亮格，两边以竹节状直棂镂空，亮格里以两层隔板将内部空间分成三层。亮格之下是两具抽屉，屉脸上有不规则开光，开光内有花草纹饰。抽屉下是对开柜门，门上雕竹席底纹和梅花、兰花等图案，古韵盎然。下面的柜腿为三弯式，腿间壶门牙板上雕竹叶竹枝纹。整器清新高雅，雕工精巧，匠心独具。

2. CAD 图示

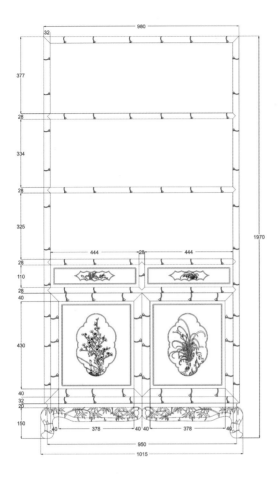

主视图

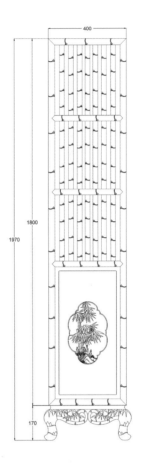

左视图

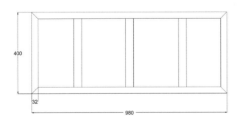

俯视图

注：门板及抽屉脸上的竹席底纹详见雕刻技艺图。图中纹样为参考图，以实际生产为准。

3. 用材效果

外观效果图（材质：黄花梨；图示 5）

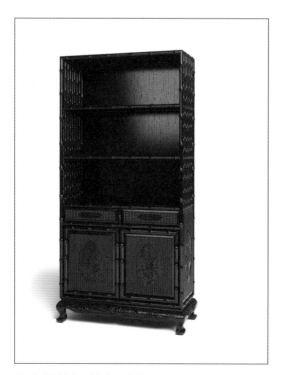

外观效果图（材质：紫檀；图示 6）

外观效果图（材质：酸枝；图示 7）

4. 结构解析

隔板

抽屉

牙板

整体结构图（图示8）

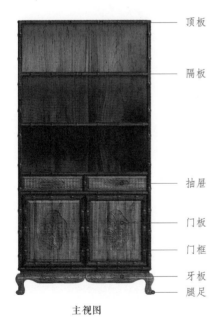

顶板

隔板

抽屉

门板

门框

牙板

腿足

主视图

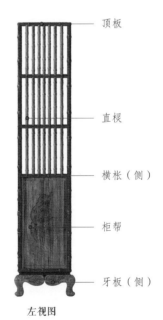

顶板

直枨

横帐（侧）

柜帮

牙板（侧）

左视图

边框

面心

俯视图

三视结构图（图示 9 ~ 11）

5. 雕刻图版

※ 清式竹节纹书柜雕刻技艺图

序号	名称	雕刻技艺图	应用部位
1	梅花纹		柜门
2	兰花纹		柜门
3	绿竹纹	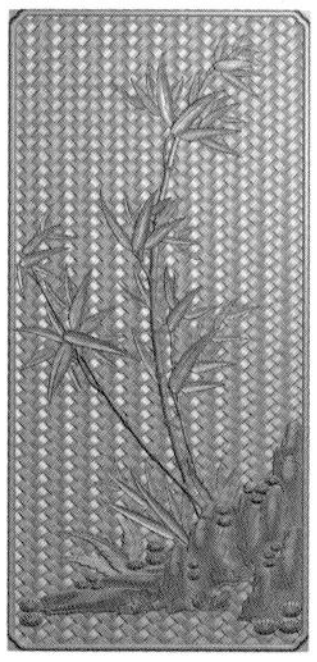	柜帮
4	菊花纹		柜帮

清式十字连方纹小方角柜

材质：黄花梨

年款：清代

外观效果图（图示1）

1. 器形点评

此柜呈齐头立方式，柜身三面以十字连方纹装饰。上下柜门中间安有绦环板，绦环板上雕螭龙纹。柜门上安黄铜条状面叶，与柜身以黄铜合页相接合。柜腿间装洼堂肚牙板，牙板上雕卷草纹、螭龙纹、蝙蝠纹等纹饰。

2. CAD 图示

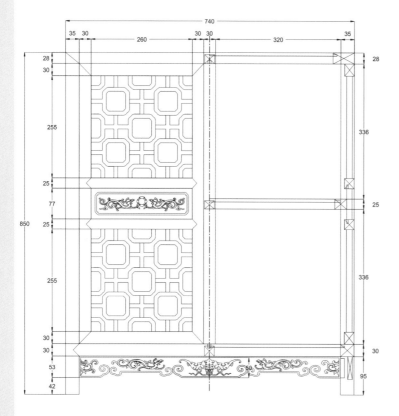

主视图

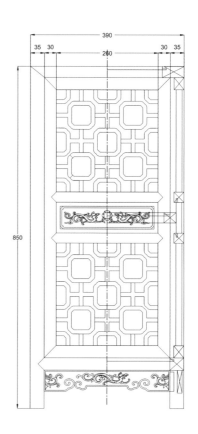

左视图

CAD 结构图（图示 2 ~ 3）

注：俯视结构简单，故省略俯视图。

3. 用材效果

外观效果图（材质：黄花梨；图示4）

外观效果图（材质：紫檀；图示5）

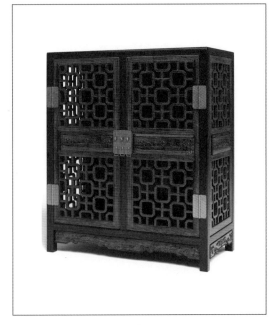

外观效果图（材质：酸枝；图示6）

4.结构解析

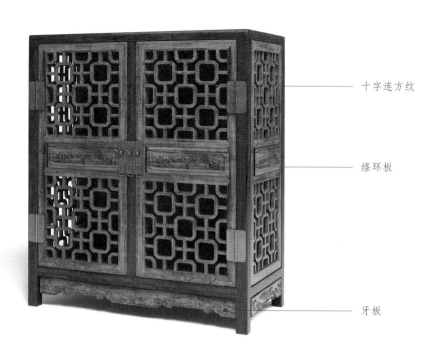

十字连方纹

绦环板

牙板

整体结构图（图示7）

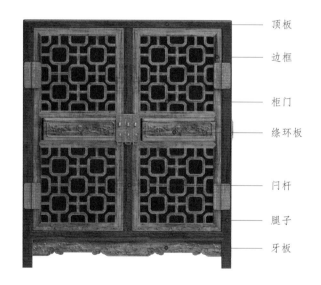

顶板
边框
柜门
绦环板
闩杆
腿子
牙板

主视图

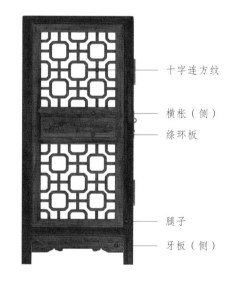

十字连方纹

横枨（侧）
绦环板

腿子

牙板（侧）

左视图

面心

边框

俯视图

三视结构图（图示8～10）

5. 雕刻图版

※ 清式十字连方纹小方角柜雕刻技艺图

序号	名称	雕刻技艺图	应用部位
1	螭龙纹		绦环板
2	螭龙纹、卷云纹、蝙蝠纹	 	牙板（正）
3	螭龙纹、卷云纹		牙板（侧）

雕刻技艺图（图示 11 ~ 14）

清式耕织图顶箱柜

材质：黄花梨

年款：清代

外观效果图（图示 1）

1. 器形点评

此柜为顶箱柜式。上设顶箱，柜门上雕饰耕织图，形象生动。下设立柜，柜门对开，中有闩杆，柜门上有三组开光，亦雕耕织图。柜门内中部设两具抽屉，将柜门内部空间分为上下两部分。柜门下有柜膛，柜膛脸上亦雕饰耕织图。下有牙板，牙板正中垂洼堂肚，牙板上满雕云纹。方腿直足，足端带铜套足。此柜整体俊朗轩昂，气势不凡。

2. CAD 图示

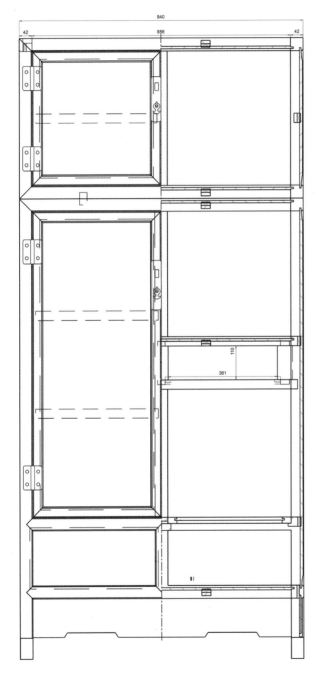

主视图

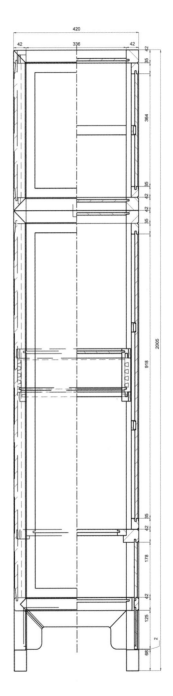

左视图

CAD 结构图（图示 2 ~ 3）

注：俯视结构简单，故省略俯视图。柜门雕刻图详见外观效果图。

3. 用材效果

外观效果图（材质：黄花梨；图示 4）

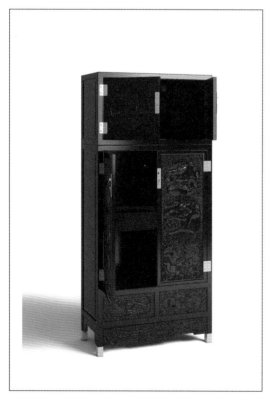

外观效果图（材质：紫檀；图示 5）

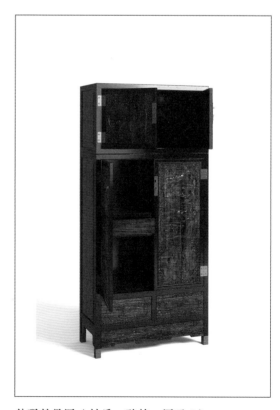

外观效果图（材质：酸枝；图示 6）

4. 结构解析

顶箱

抽屉

柜膛

牙板

整体结构图（图示 7）

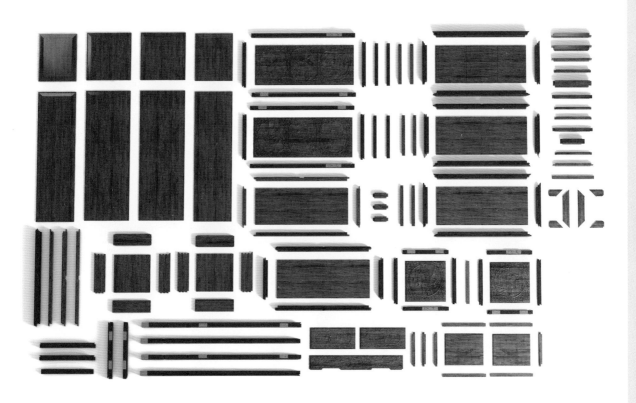

部件结构图（图示 8）

大成若缺

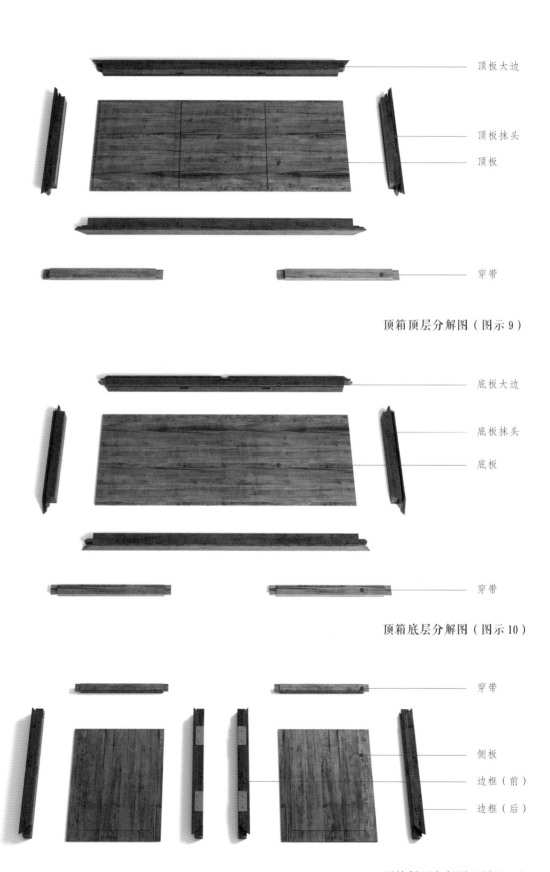

顶板大边

顶板抹头

顶板

穿带

顶箱顶层分解图（图示 9）

底板大边

底板抹头

底板

穿带

顶箱底层分解图（图示 10）

穿带

侧板

边框（前）

边框（后）

顶箱侧面分解图（图示 11）

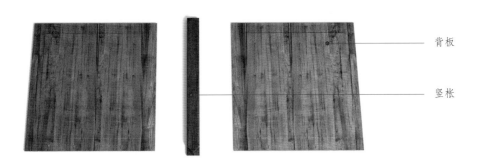

背板

竖枨

顶箱背面分解图（图示12）

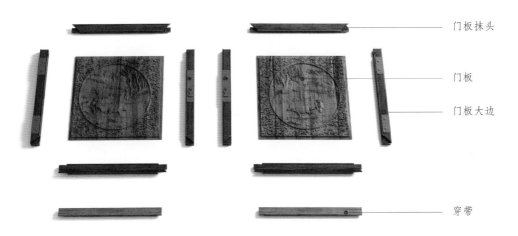

门板抹头

门板

门板大边

穿带

顶箱柜门分解图（图示13）

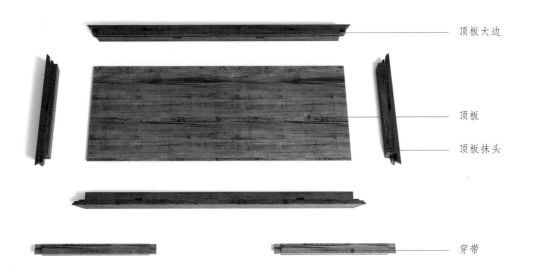

顶板大边

顶板

顶板抹头

穿带

立柜顶层分解图（图示14）

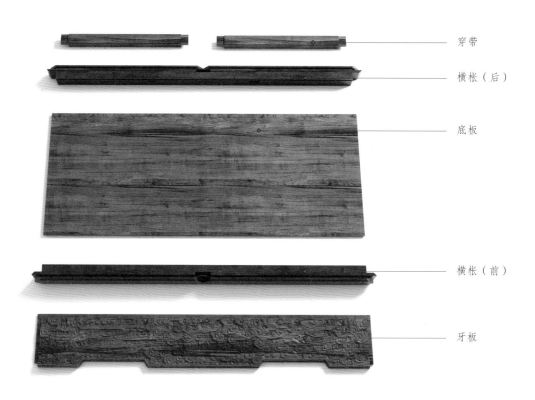

穿带

横枨（后）

底板

横枨（前）

牙板

立柜底层分解图（图示15）

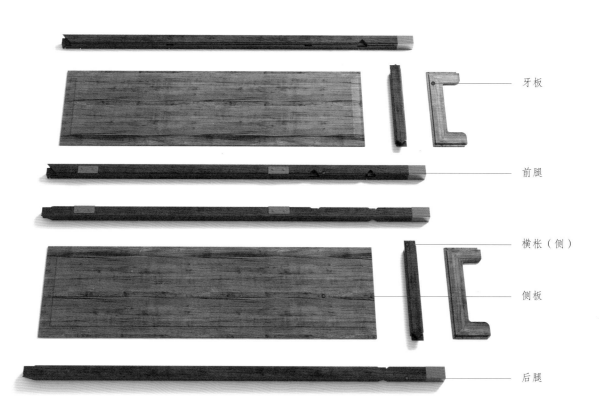

牙板

前腿

横枨（侧）

侧板

后腿

立柜侧面分解图（图示16）

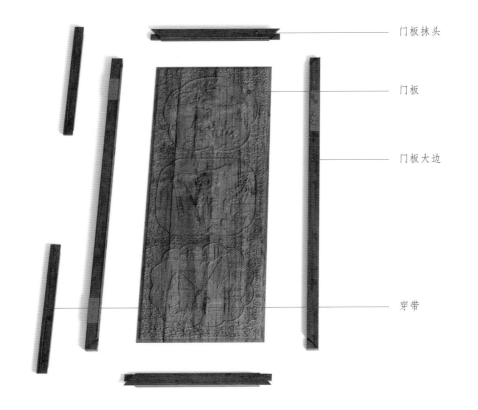

门板抹头

门板

门板大边

穿带

立柜柜门（左）分解图（图示17）

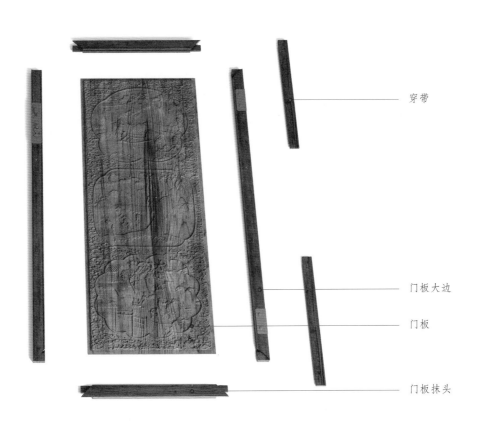

穿带

门板大边

门板

门板抹头

立柜柜门（右）分解图（图示18）

大
成
若
缺

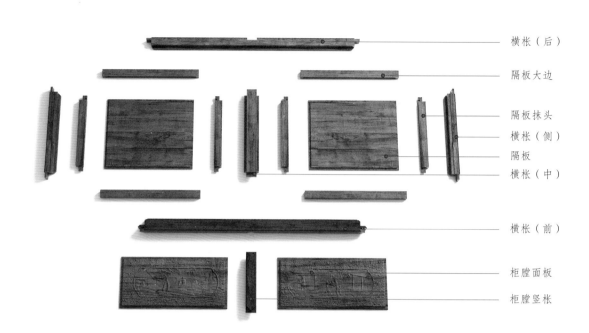

横枨（后）
隔板大边
隔板抹头
横枨（侧）
隔板
横枨（中）

横枨（前）

柜膛面板
柜膛竖枨

立柜柜膛分解图（图示 19）

背板

竖枨

背板

立柜背面分解图（图示 20）

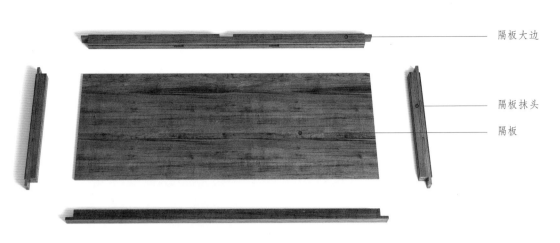

隔板大边

隔板抹头

隔板

立柜抽屉顶部隔层分解图（图示 21）

抽屉背板

抽屉侧板

抽屉底板

抽屉面板

立柜抽屉分解图 1（图示 22）

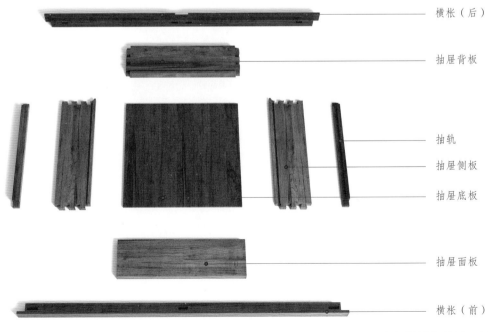

横枨（后）

抽屉背板

抽轨

抽屉侧板

抽屉底板

抽屉面板

横枨（前）

立柜抽屉分解图 2（图示 23）

庋具·清代

清式西番莲纹顶箱柜

<u>材质：黄花梨</u>

<u>年款：清代</u>

外观效果图（图示1）

1. 器形点评

　　此柜呈齐头立方式，成对一组（详见 CAD 图示），上为顶箱，下为立柜。柜门上雕西番莲纹，装条状面叶，以黄铜合页与柜身相接合。柜腿之间装洼堂肚牙板，牙板上雕刻回纹和西番莲纹，雕工精致，造型华丽。

2. CAD 图示

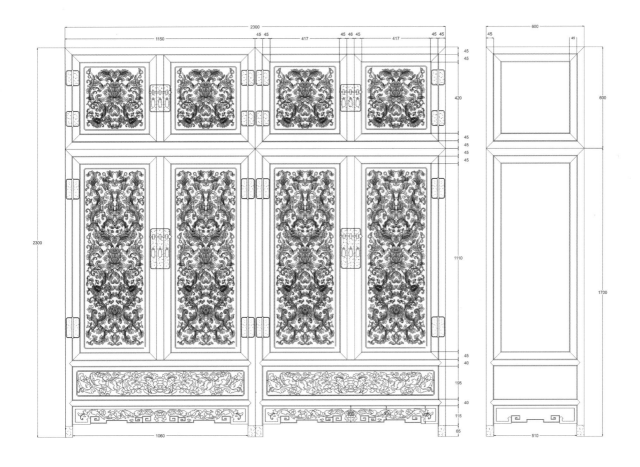

主视图   左视图

CAD 结构图（图示 2 ~ 3）

注：俯视结构简单，故省略俯视图。

3. 用材效果

外观效果图（材质：黄花梨；图示 4）

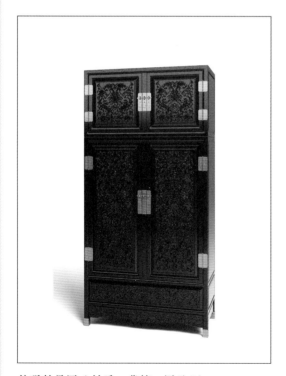

外观效果图（材质：紫檀；图示 5）

外观效果图（材质：酸枝；图示 6）

4. 结构解析

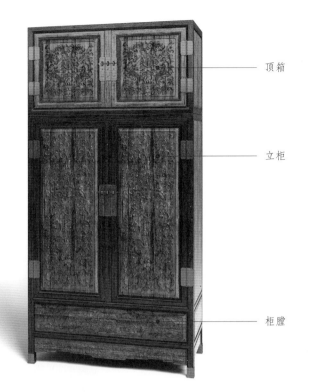

顶箱

立柜

柜膛

整体结构图（图示 7）

顶板

闩杆

门框

面叶

门板

柜膛

牙板

腿足

主视图

顶板

柜帮

横枨（侧）

牙板（侧）

左视图

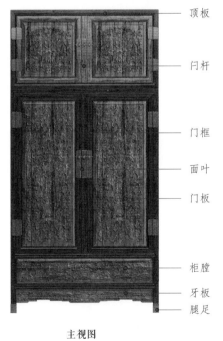

面心

边框

俯视图

三视结构图（图示 8 ~ 10）

5. 雕刻图版

※ 清式西番莲纹顶箱柜雕刻技艺图

序号	名称	雕刻技艺图	应用部位
1	西番莲纹		顶箱柜门门板
2	西番莲纹		立柜柜门门板
3	西番莲纹		柜膛面板
4	回纹、西番莲纹		牙板

雕刻技艺图（图示 11 ~ 14）

大成若缺

162

清式福寿双全柜橱

<u>材质：黄花梨</u>

<u>年款：清代</u>

外观效果图（图示1）

1. 器形点评

此柜橱呈翘头案样式，案面两端翘起，吊头下有雕卷草纹的挂牙。案面下设两具抽屉，屉脸上雕螭龙纹，拉手处雕团寿纹。屉下为对开柜门，柜门上雕团寿纹，四周环绕以回纹、卷草纹和蝙蝠纹。柜门上安黄铜条状面叶，以黄铜合页与柜身相接合。柜腿间装牙板，牙板光素。

2. CAD 图示

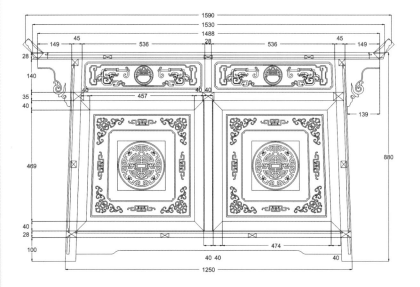

主视图

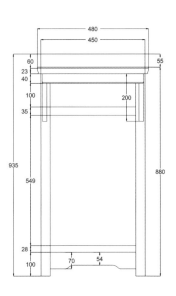

左视图

俯视图

CAD 结构图（图示 2 ~ 4）

164

3. 用材效果

外观效果图（材质：黄花梨；图示 5）

外观效果图（材质：紫檀；图示 6）

外观效果图（材质：酸枝；图示 7）

4.结构解析

挂牙

团寿纹

牙板

整体结构图（图示 8）

翘头
挂牙
横枨
门板
闩杆
牙板

主视图

翘头

横枨（侧）

柜帮

腿子
牙板（侧）

左视图

面心

边框

俯视图

三视结构图（图示 9 ~ 11）

5. 雕刻图版

※ 清式福寿双全柜橱雕刻技艺图

序号	名称	雕刻技艺图	应用部位
1	回纹、卷草纹、团寿纹、蝙蝠纹	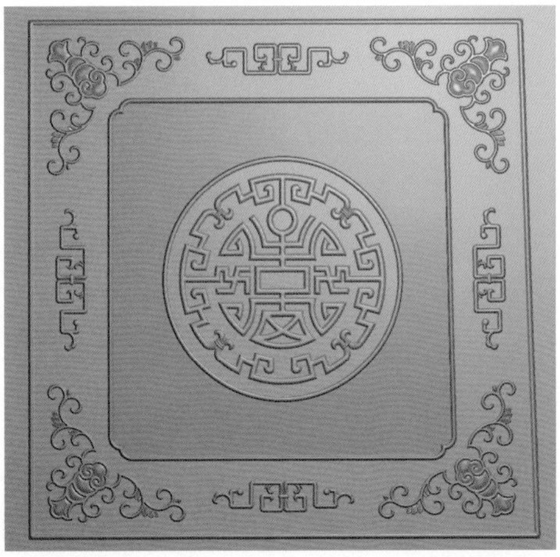	柜门门板
2	双螭捧寿纹	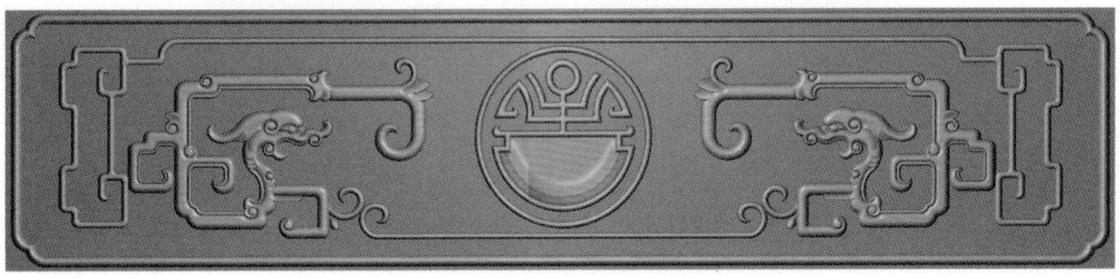	抽屉脸
3	卷草纹	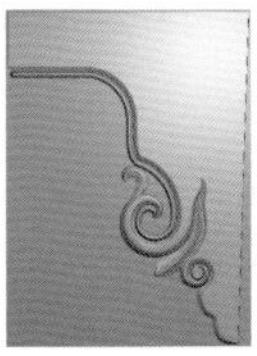	挂牙

雕刻技艺图（图示 12 ~ 14）

清式螭龙纹联二橱

材质：黄花梨

丰款：清代

外观效果图（图示1）

1. 器形点评

　　此橱采用经典联二橱造型，外观很像一只鼎。平直的橱面方便方置物品，橱面两端翘起，形成小翘头，造型优美。吊头下有长挂牙，轮廓波折，挂牙上雕螭龙纹。橱面下有两具抽屉，屉脸雕螭龙纹。抽屉下有一闷仓，闷仓面板上亦雕有螭龙纹。正面两腿间上端装有壶门牙板，牙板上雕卷草纹。

2. CAD 图示

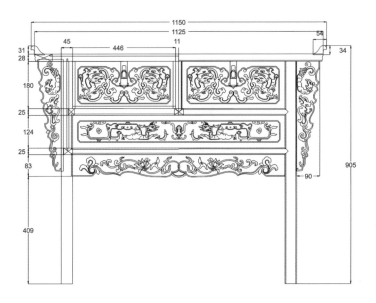

主视图

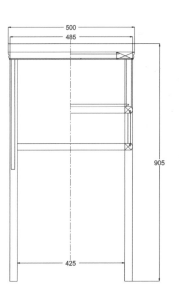

左视图

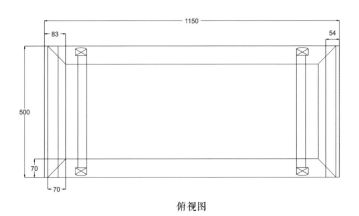

俯视图

CAD 结构图（图示 2 ~ 4）

169

3. 用材效果

外观效果图（材质：黄花梨；图示 5）

外观效果图（材质：紫檀；图示 6）

外观效果图（材质：酸枝；图示 7）

4. 结构解析

整体结构图（图示 8）

翘头
挂牙
闷仓
牙板

翘头
抽屉
挂牙
闷仓
牙板
腿子

主视图

侧板

左视图

边框
面心

俯视图

三视结构图（图示 9 ~ 11）

5. 雕刻图版

※ 清式螭龙纹联二橱雕刻技艺图

序号	名称	雕刻技艺图	应用部位
1	螭龙纹	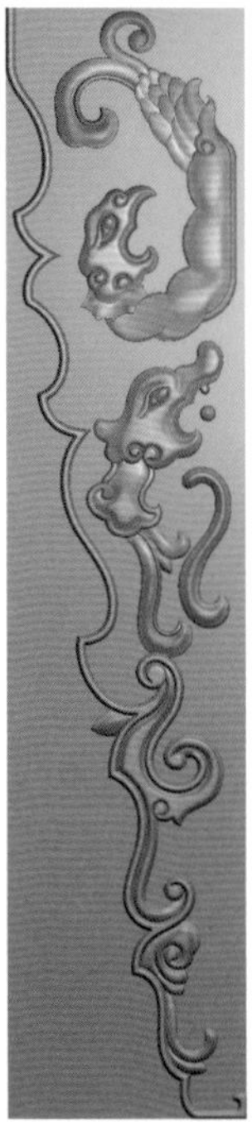	挂牙
2	卷草纹		牙板
3	螭龙纹	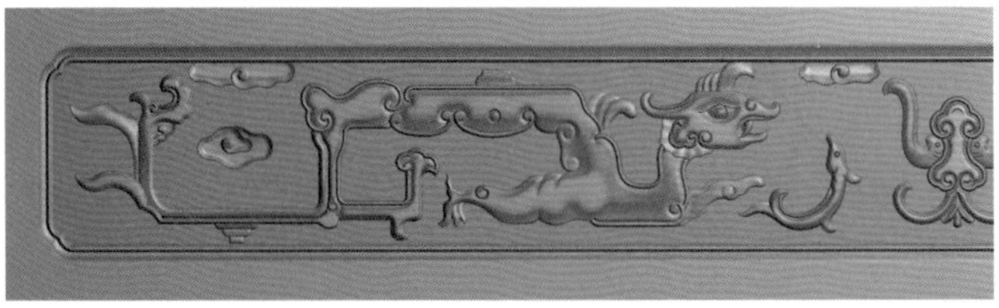	闷仓面板

雕刻技艺图（图示 12 ~ 14）

现代中式春意满园五斗柜

材质：黄花梨

年款：现代

外观效果图（图示1）

1. 器形点评

　　此柜柜帽圆角喷出，高束腰镶绦环板。柜身为长方形，四周皆以回纹装饰，侧身光素无雕饰。腿间置罗锅枨和如意纹卡子花。此柜共有五具抽屉，屉脸皆有如意状凹形拉手，拉手两旁皆雕刻丝带缠绕的杂宝纹。整器古朴庄重，雕工精细，美观实用。

2. CAD 图示

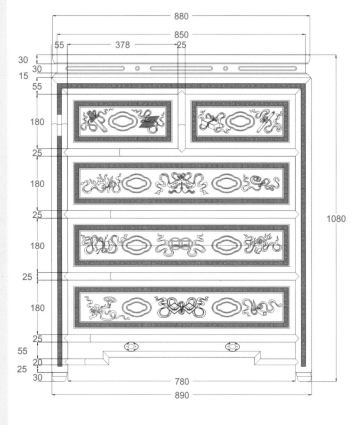

主视图 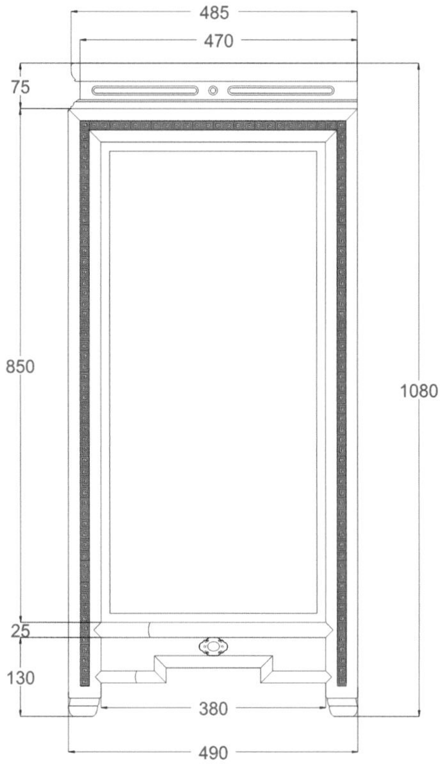   右视图

CAD 结构图（图示 2 ~ 3）

注：俯视结构简单，故省略俯视图。

3. 用材效果

外观效果图（材质：黄花梨；图示 4）

外观效果图（材质：紫檀；图示 5）

外观效果图（材质：酸枝；图示 6）

4. 结构解析

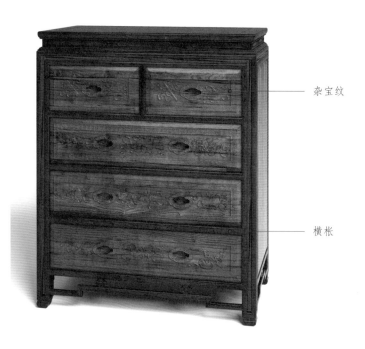

整体结构图（图示 7）

杂宝纹

横枨

顶板
束腰

竖枨

抽屉

横枨

卡子花
罗锅枨

主视图

腿子

罗锅枨（侧）
龟足

右视图

面心
边框

俯视图

三视结构图（图示 8 ~ 10）

大成若缺

5. 雕刻图版

※ 现代中式春意满园五斗柜雕刻技艺图

序号	名称	雕刻技艺图	应用部位
1	杂宝纹、回纹		抽屉脸（上）
2	杂宝纹、回纹		抽屉脸（下）

雕刻技艺图（图示 11 ~ 15）

现代中式春意满园衣柜

材质：黄花梨

年款：现代

外观效果图（图示1）

1. 器形点评

　　此衣柜整体呈长方体，柜帽沿为圆角，向四面喷出，高束腰镶绦环板，柜框边沿以回纹装饰。衣柜正面四扇柜门两两对开，柜门上以博古线环饰，雕有花几和插瓶，瓶中分别插有梅花、荷花、菊花和月季花，并配以诗文，这种纹饰称为"岁朝图"；还分别雕有兰草、竹子、葡萄、石榴等物。下方是三具抽屉，屉脸以回纹环绕，雕丝带缠绕的犀角、毛笔、杂宝纹等。柜的四条腿为方材直腿，腿间安有罗锅枨，枨上安卡子花。

2. CAD 图示

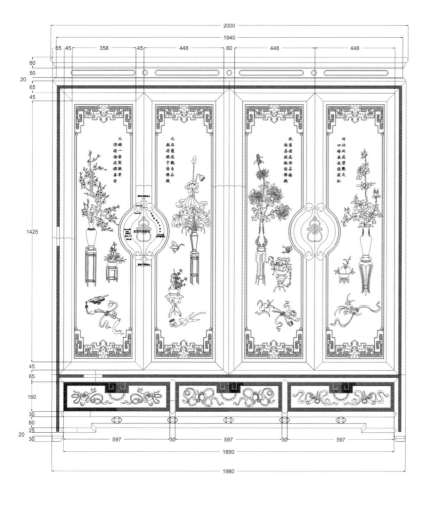

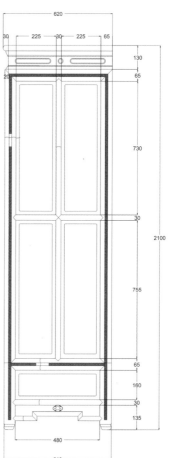

主视图 右视图

CAD 结构图（图示 2 ~ 3）

注：俯视结构简单，故省略俯视图。

3. 用材效果

外观效果图（材质：黄花梨；图示 4）

外观效果图（材质：紫檀；图示 5）

外观效果图（材质：酸枝；图示 6）

4. 结构解析

绿环板

柜门

抽屉

整体结构图（图示 7）

绿环板

柜门

腿子
横枨
抽屉
卡子花
龟足

主视图

顶板
绿环板

侧板

横枨（侧）

罗锅枨（侧）

右视图

面心

边框

俯视图

三视结构图（图示 8 ~ 10）

5. 雕刻图版

序号	名称	雕刻技艺图	应用部位
1	岁朝图		柜门门板
2	杂宝纹	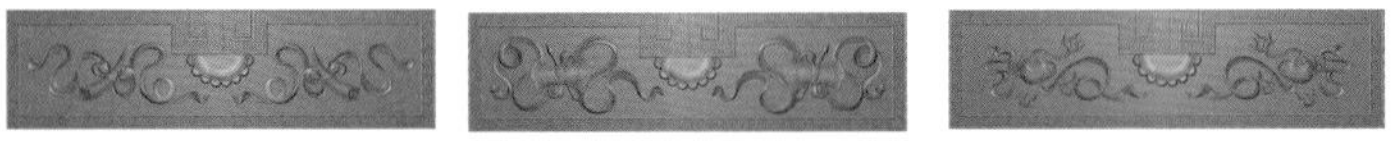	抽屉脸
3	如意纹		卡子花

雕刻技艺图（图示 11 ~ 18）

大成若缺

182

现代中式竹节组合衣柜

材质：黄花梨

年款：现代

外观效果图（图示1）

1. 器形点评

　　此衣柜整体呈长方体，柜帽劈料做，圆角喷出，下镶绦环板，绦环板以竹席纹为地。衣柜正面共四扇柜门，皆以竹席纹为地，分别雕喜鹊、燕子等飞鸟和梅、兰、竹、菊等植物，雕工细腻，生动传神。柜门下是以竹席纹为地的雕花绦环板，上面雕梅、兰、竹、菊和西番莲卷草纹。衣柜整体框架雕竹节纹，整器显得高贵大方，端庄典雅，自然清新。

2. CAD 图示

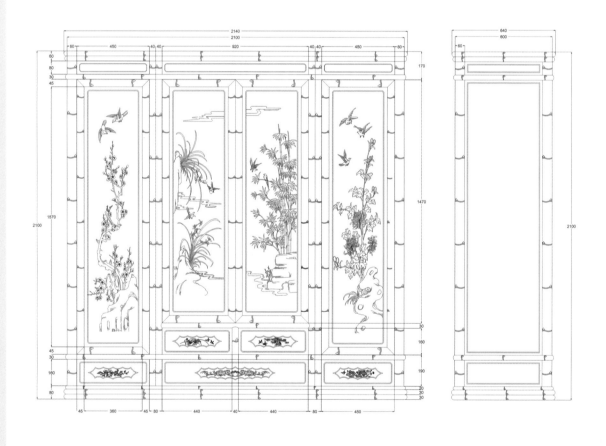

主视图   左视图

CAD 结构图（图示 2 ~ 3）

注：俯视结构简单，故省略俯视图。另门板雕刻中竹席底纹详见外观效果图。图中纹样为参考图，以实际生产为准。

3. 用材效果

外观效果图（材质：黄花梨；图示 4）

外观效果图（材质：紫檀；图示 5）

外观效果图（材质：酸枝；图示 6）

4. 结构解析

绦环板

门板

绦环板

整体结构图（图示 7）

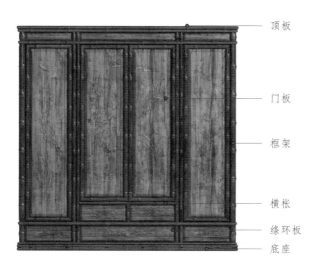

顶板

门板

框架

横枨

绦环板

底座

主视图

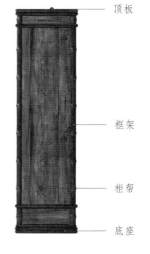

顶板

框架

柜帮

底座

左视图

边框

面心

俯视图

三视结构图（图示 8 ～ 10）

5. 雕刻图版

※ 现代中式竹节组合衣柜雕刻技艺图

序号	名称	雕刻技艺图	应用部位
1	梅花纹		柜门
2	兰花纹		柜门
3	绿竹纹		柜门
4	菊花纹		柜门

雕刻技艺图（图示 11 ~ 14）

现代中式如意云纹翘头案电视柜

材质：黄花梨

年款：现代

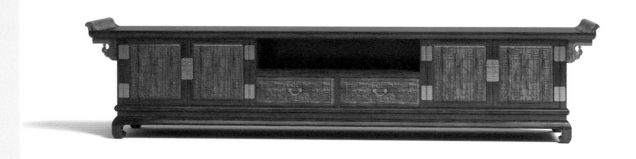

外观效果图（图示1）

1. 器形点评

此电视柜呈翘头案样式，案面和柜体之间有角牙相连，柜体下有束腰，内翻马蹄柜腿，牙板光素无雕刻。两边各有两扇对开柜门，中间设两具抽屉，屉脸雕有螭龙纹样，装有黄铜拉手。两具抽屉与案面之间形成亮格，可以放置物品。柜门雕有回纹和灵芝纹，与柜身之间以黄铜合页相连，柜门上安有黄铜条状面叶。

2. CAD 图示

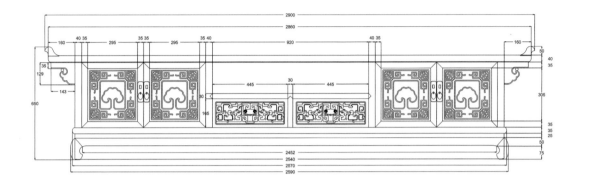

主视图

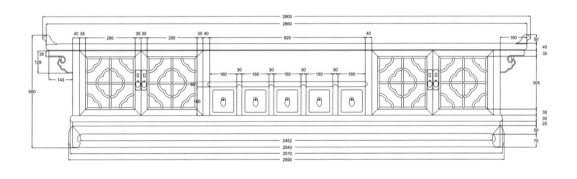

后视图

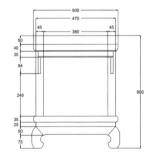

左视图

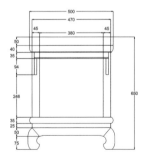

右视图

CAD 结构图（图示 2 ~ 5）

注：俯视结构简单，故省略俯视图。

3. 用材效果

外观效果图（材质：黄花梨；图示 6）

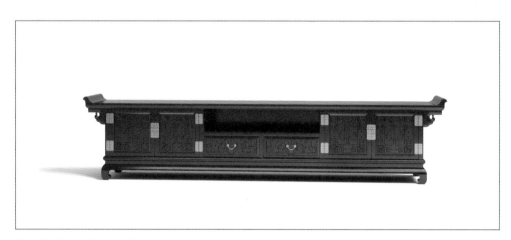

外观效果图（材质：紫檀；图示 7）

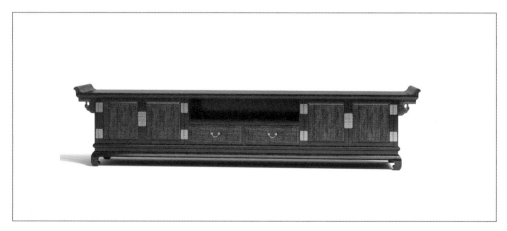

外观效果图（材质：酸枝；图示 8）

4.结构解析

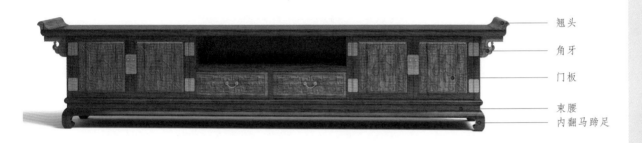

翘头
角牙
门板
束腰
内翻马蹄足

整体结构图（图示9）

翘头
角牙
门板
束腰

主视图

侧板
下边框
内翻马蹄足

左视图

边框
面心

俯视图

三视结构图（图示10～12）

5. 雕刻图版

现代中式如意云纹翘头案电视柜雕刻技艺图

序号	名称	雕刻技艺图	应用部位
1	回纹、如意云纹		柜门
2	拐子螭龙纹	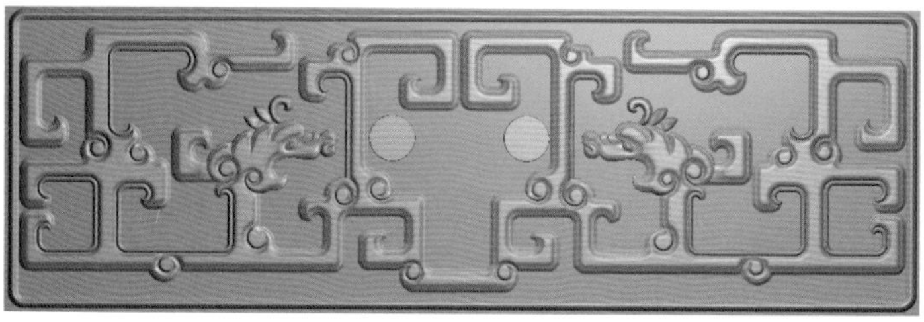	抽屉脸

雕刻技艺图（图示 13 ～ 14）

现代中式竹节组合电视柜

材质：黄花梨

年款：现代

外观效果图（图示1）

1. 器形点评

　　此电视柜两边高，中间略低，对称布置，柜腿处加罗锅枨，通体以"竹"为元素进行装饰。橱柜两边皆设对开门，内可收纳储物，柜门下有抽屉，屉脸装饰黄铜吊牌。中间略低之处为独板做成，壶门牙板透雕竹节竹叶纹，尽显清雅剔透。整器清新别致，古朴大方。

2. CAD 图示

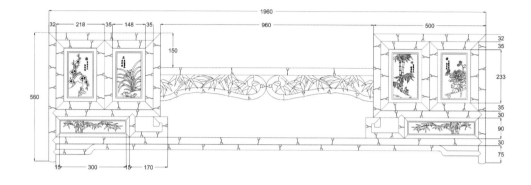

主视图

俯视图

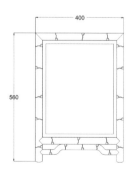

左视图

CAD 结构图（图示 2 ~ 4）

3. 用材效果

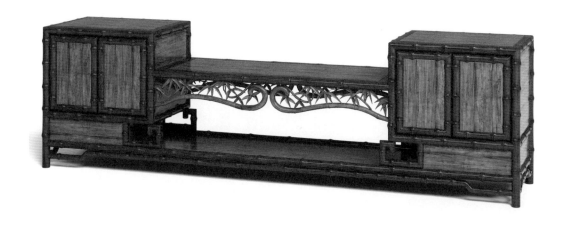

外观效果图（材质：黄花梨；图示 5）

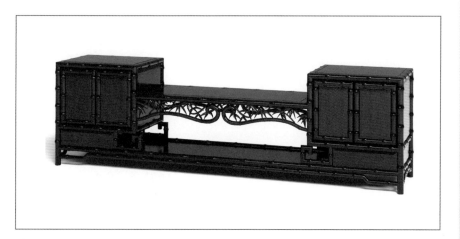

外观效果图（材质：紫檀；图示 6）

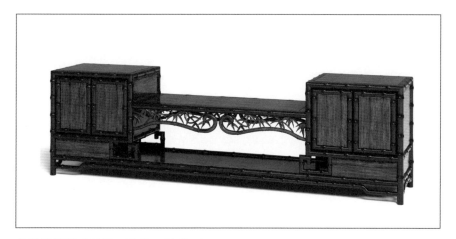

外观效果图（材质：酸枝；图示 7）

4.结构解析

边框

门板

抽屉

罗锅枨

整体结构图（图示 8）

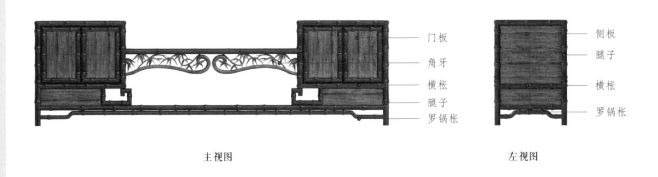

门板
角牙
横枨
腿子
罗锅枨

侧板
腿子
横枨
罗锅枨

主视图　　　　　　　　　　　　左视图

面心

边框

俯视图

三视结构图（图示 9 ~ 11）

5. 雕刻图版

※ 现代中式竹节组合电视柜雕刻技艺图

序号	名称	雕刻技艺图	应用部位
1	竹叶竹枝纹、竹席纹	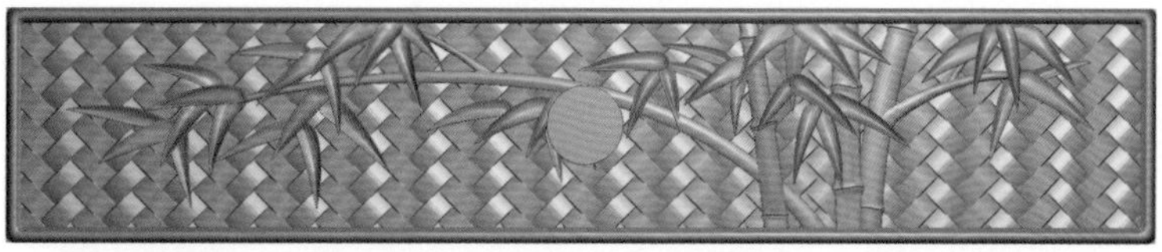	抽屉脸
2	梅兰竹菊纹		柜门

雕刻技艺图（图示 12 ~ 16）

现代中式金玉满堂组合电视柜

材质：黄花梨

丰款：现代

外观效果图（图示1）

1. 器形点评

此电视柜高低错落有致，由一低两高橱柜组成联三橱柜，中间为长方体带抽屉矮橱，便于放置电视机。两边为带屉方柜，柜门处雕刻有琴棋书画等图案，均以如意形状的雕饰作为抽屉的拉手；橱面之下有束腰，图案精美，雕工精细。腿足下端安有罗锅枨，上安卡子花。整体造型端庄，设计布局合理，高贵大方，古朴雅致。

2. CAD 图示

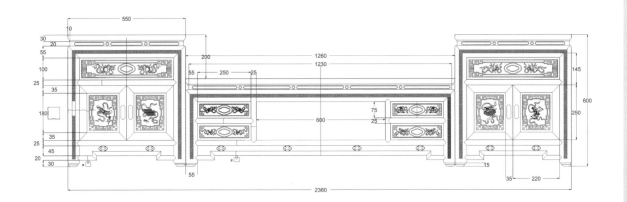

主视图

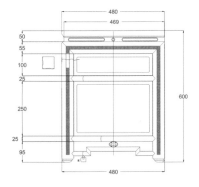

右视图

CAD 结构图（图示 2 ~ 3）

注：俯视结构简单，故省略俯视图。

3. 用材效果

外观效果图（材质：黄花梨；图示 4）

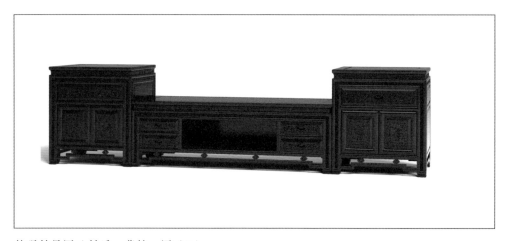

外观效果图（材质：紫檀；图示 5）

外观效果图（材质：酸枝；图示 6）

4. 结构解析

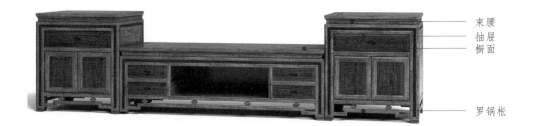

束腰
抽屉
橱面

罗锅枨

整体结构图（图示 7）

束腰
抽屉

罗锅枨

主视图

束腰

回纹线脚

卡子花

右视图

面心

边框

俯视图

三视结构图（图示 8 ~ 10）

现代中式云龙组合电视柜

材质：黄花梨

丰款：现代

外观效果图（图示1）

1. 器形点评

　　此电视柜两边的柜略高，柜门雕云龙纹样，图案精美，柜门以铜质合页与柜体相连，装铜质吊牌。中间为矮橱，下部设有三屉，屉脸雕饰云龙纹，配黄铜拉手。三屉之上为亮格，以隔板将其一分为二。整器高低错落有致，架构和谐，造型端庄。

2. CAD 图示

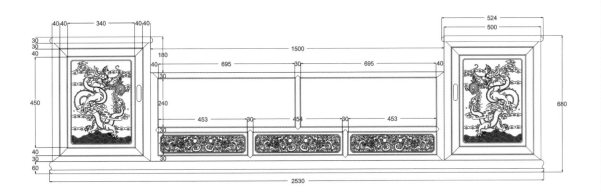

主视图

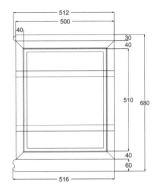

右视图

CAD 结构图（图示 2 ~ 3）

注：俯视结构简单，故省略俯视图。

3. 用材效果

外观效果图（材质：黄花梨；图示4）

外观效果图（材质：紫檀；图示5）

外观效果图（材质：酸枝；图示6）

4. 结构解析

顶板

门板

抽屉

整体结构图（图示 7）

面板

门板

底座

主视图

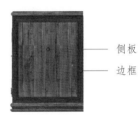

侧板

边框

右视图

面心

边框

俯视图

三视结构图（图示 8 ~ 10）

5. 雕刻图版

※ 现代中式云龙组合电视柜雕刻技艺图

序号	名称	雕刻技艺图	应用部位
1	云龙纹	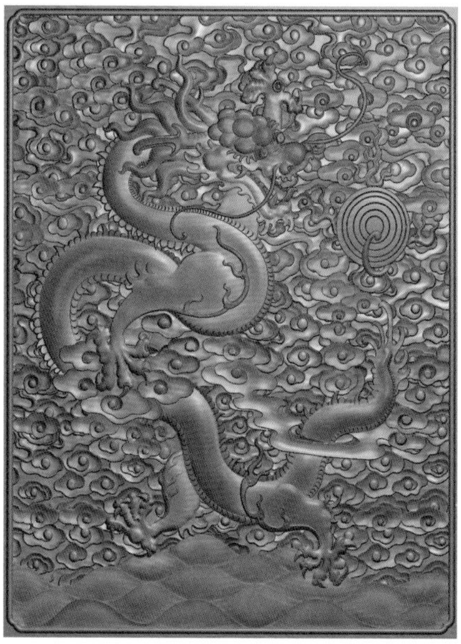	柜门
2	云龙纹		抽屉脸

雕刻技艺图（图示 11 ~ 12）

现代中式如意福纹电视柜

材质：黄花梨

丰款：现代

外观效果图（图示1）

1. 器形点评

　　此电视柜为长方体，柜顶略呈喷面，其下设四具抽屉。抽屉脸浮雕福（蝠）在眼前与拐子纹，正中装黄铜拉手。柜体由随形底座支撑，底座四边透雕拐子纹。整器高贵大方，优雅厚重。

2. CAD 图示

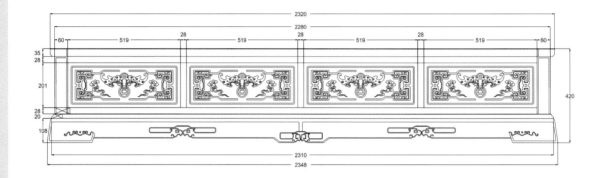

主视图

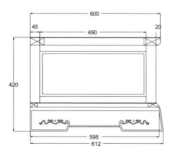

左视图

CAD 结构图（图示 2 ~ 3）

3. 用材效果

外观效果图（材质：黄花梨；图示 4）

外观效果图（材质：紫檀；图示 5）

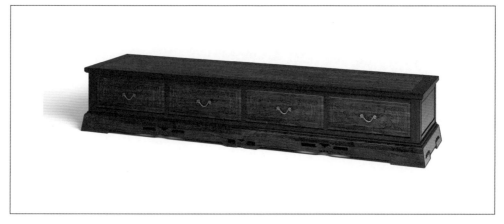

外观效果图（材质：酸枝；图示 6）

4. 结构解析

顶板

抽屉

牙板

整体结构图（图示 7）

顶板

抽屉面板

牙板

主视图

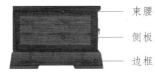

束腰

侧板

边框

左视图

面心

边框

俯视图

三视结构图（图示 8 ~ 10）

5. 雕刻图版

※ 现代中式如意福纹电视柜雕刻技艺图

序号	名称	雕刻技艺图	应用部位
1	福在眼前纹		抽屉脸
2	拐子纹、如意纹	 	底座牙板

雕刻技艺图（图示 11~13）

现代中式五屉梳妆台两件套

材质：黄花梨

年款：现代

外观效果图（图示1）

1. 器形点评

　　此梳妆台台面上有两根立柱，立柱中夹一镜子，镜下雕螭龙纹装饰，立柱与台面相交处安螭龙纹站牙。台面光洁，台面下做成抽屉桌形式，有五屉，中间一屉，左右两侧各两屉，屉脸上雕多种纹饰，安黄铜吊牌。中间抽屉下有螭龙纹镂空花牙子。四腿为圆材，腿足与抽屉相交处装饰螭龙纹角牙。两侧腿间有横枨，台下装冰裂纹踏脚。此梳妆台还配有一只造型相似的方凳。

2. CAD 图示

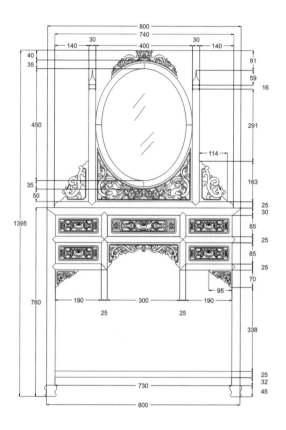

台－主视图

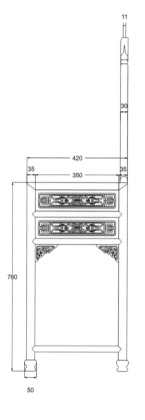

台－右视图

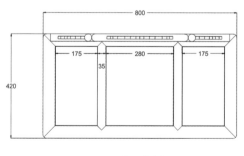

台－俯视图

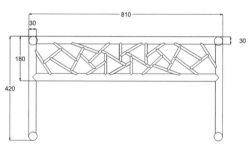

台－剖视图

CAD 结构图（图示 2 ~ 5）

213

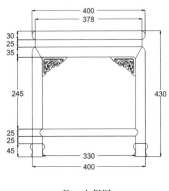

凳－主视图

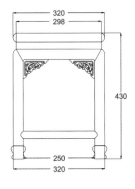

凳－左视图

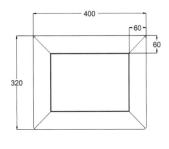

凳－俯视图

CAD 结构图（图示 6 ~ 8）

3. 用材效果

外观效果图（材质：黄花梨；图示 9）

外观效果图（材质：紫檀；图示 10）

外观效果图（材质：酸枝；图示 11）

4.结构解析

立柱

站牙

抽屉

角牙

踏脚板

整体结构图（图示12）

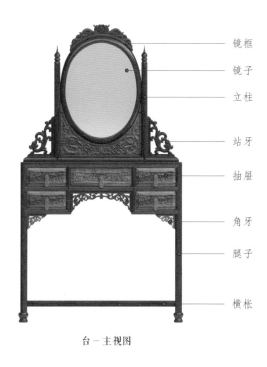

镜框

镜子

立柱

站牙

抽屉

角牙

腿子

横枨

台-主视图

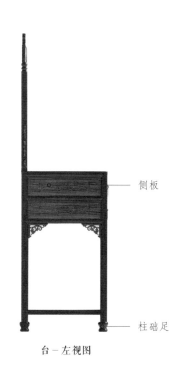

侧板

柱础足

台-左视图

面心

边框

台-俯视图

三视结构图（图示13～15）

束腰

角牙

管脚枨

整体结构图（图示 16）

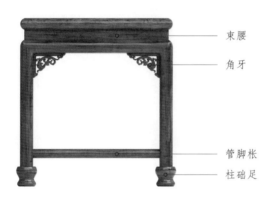

束腰

角牙

管脚枨

柱础足

凳－主视图

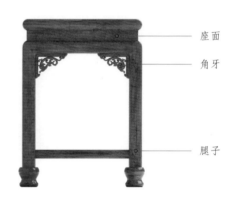

座面

角牙

腿子

凳－左视图

面心

边框

凳－俯视图

三视结构图（图示 17 ～ 19）

5. 雕刻图版

序号	名称	雕刻技艺图	应用部位
1	拐子纹、如意云头纹、卷草纹		侧板
2	螭龙纹		角牙
3	螭龙纹		牙板
4	拐子纹、卷草纹、如意云头纹		抽屉脸

雕刻技艺图（图示 20 ~ 23）

大成若缺

218

现代中式凤纹梳妆台

材质：黄花梨

年款：现代

外观效果图（图示1）

1. 器形点评

　　此梳妆台台面上两根立柱中夹一镜子。立柱旁各有一屉，屉下有三弯腿和彭牙板，腿与牙板相交处雕龙头，立柱与抽屉相交处雕凤纹站牙。台面光洁，台面下为抽屉桌造型，设有三具平列的抽屉，屉脸上雕有凤纹，安黄铜吊牌。屉下左侧设有三弯腿，右侧设有单开门柜子。柜下为彭牙板加三弯腿。整器富贵华丽，雕饰精美，做工考究。

2. CAD 图示

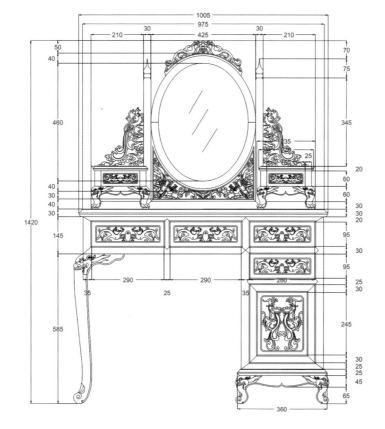

主视图

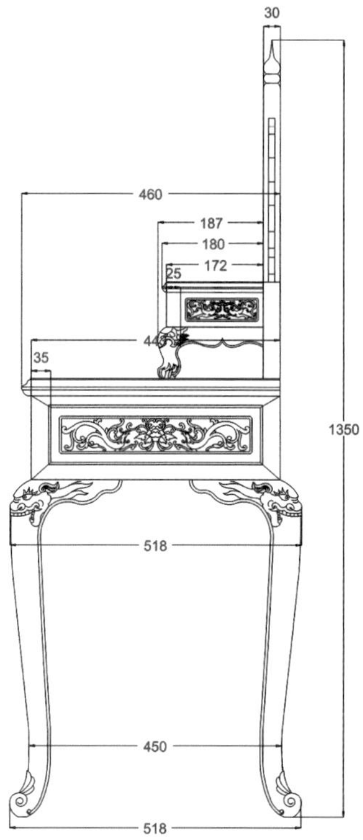

左视图

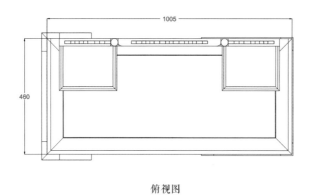

俯视图

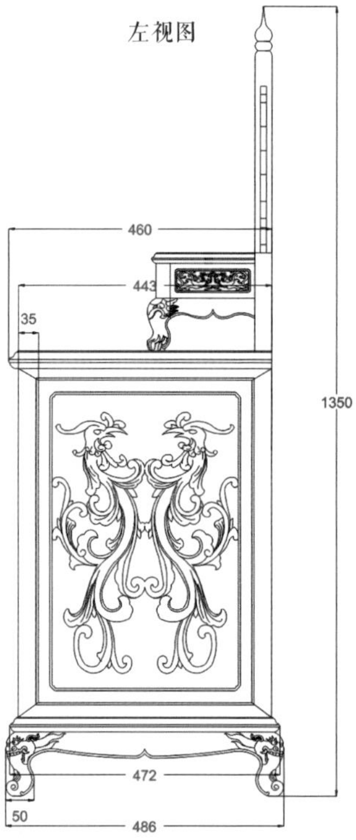

右视图

CAD 结构图（图示 2 ~ 5）

3. 用材效果

外观效果图（材质：黄花梨；图示 6）

外观效果图（材质：紫檀；图示 7）

外观效果图（材质：酸枝；图示 8）

4. 结构解析

立柱
站牙
牙板
抽屉
柜门
下牙板

整体结构图（图示9）

镜帽
镜子
立柱
站牙
抽屉
边框
牙板

主视图

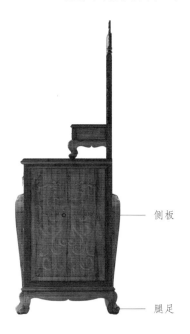

侧板
腿足

右视图

面心
边框

俯视图

三视结构图（图示10 ~ 12）

5. 雕刻图版

※ 现代中式凤纹梳妆台雕刻技艺图

序号	名称	雕刻技艺图	应用部位
1	凤纹	 	抽屉脸
2	凤纹、云纹		站牙
3	双凤纹		柜门门板

223

大成若缺

序号	名称	雕刻技艺图	应用部位
4	双凤戏莲纹	 	镜框
5	兽头兽爪纹		台面上 抽屉腿部
6	兽头兽爪纹		台面下 腿部

雕刻技艺图（图示 13 ～ 20）

现代中式金玉满堂梳妆台两件套

材质：黄花梨

丰款：现代

外观效果图（图示1）

1. 器形点评

此款梳妆台简洁大方，由镜框和长桌两部分组成。桌子为高束腰下镶绦环板，桌面素净，以拦水线做装饰，镜子镶于桌面上，边框雕回纹装饰。桌子正面两具抽屉雕花精美，装如意纹凹形拉手；侧面雕有丝带缠绕的铜钱，雕工精细。腿为方形且宽硕，足下踩龟足。整器精致隽永，简洁大方。

2. CAD 图示

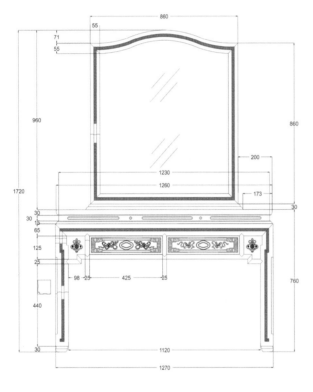

主视图

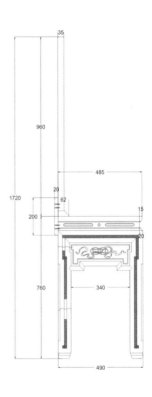

左视图

CAD 结构图（图示 2～3）

注：俯视结构简单，故省略俯视图。

3. 用材效果

外观效果图（材质：黄花梨；图示 4）

外观效果图（材质：紫檀；图示 5）

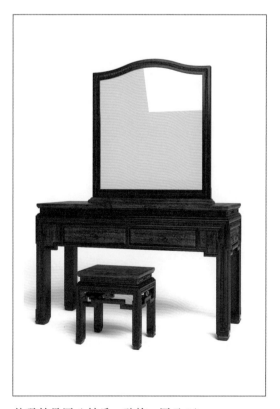

外观效果图（材质：酸枝；图示 6）

4. 结构解析

镜子

束腰

罗锅枨

龟足

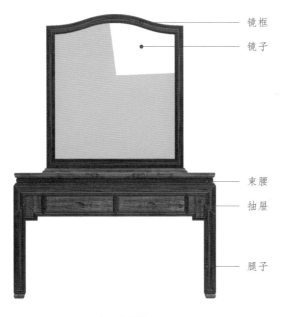

镜框
镜子

束腰
抽屉

腿子

台－主视图

束腰

腿子

台－右视图

面心

边框

台－俯视图

大成若缺

庋具·现代

束腰
腿子
罗锅枨
龟足

凳－主视图

束腰
卡子花
罗锅枨
腿子

凳－左视图

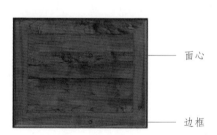

面心
边框

凳－俯视图

现代中式素面写字台

材质：黄花梨

丰款：现代

外观效果图（图示1）

1. 器形点评

　　此写字台造型端正，台面下装三具抽屉，屉脸上雕有回纹装饰，安黄铜拉手。台面下左右分别设一个承几，承几上部有一具抽屉，四腿下安屉板，腿部光素，方正有力。整器造型严谨，拙朴可爱。

2. CAD 图示

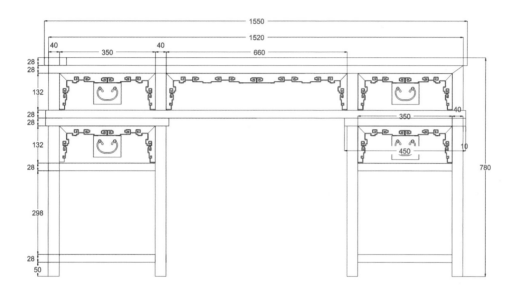

主视图

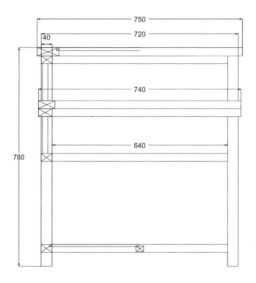

左视图

注：俯视结构简单，故省略俯视图。

3. 用材效果

外观效果图（材质：黄花梨；图示 4）

外观效果图（材质：紫檀；图示 5）

外观效果图（材质：酸枝；图示 6）

4.结构解析

台面

抽屉

拉手

腿子

屉板

整体结构图（图示 7）

边框

铜拉手

管脚枨

主视图

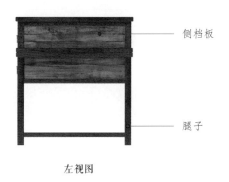

侧档板

腿子

左视图

大边

面心

抹头

俯视图

三视结构图（图示 8 ~ 10）

现代中式五屉写字台

材质：黄花梨

丰款：现代

外观效果图（图示1）

1. 器形点评

　　此写字台呈齐头立方式。台面光素平直，台面下分为三部分，中间是三具抽屉，屉脸上雕螭龙纹。左右两侧是亮格，并装饰有角牙，亮格下部三面装有横枨和直棂。亮格下各有一具抽屉，屉脸上亦雕螭龙纹。在抽屉的下方是安装有角牙和直棂的亮格。两个亮格下端均以横竖材攒接的十字棂格的脚踏板相连。整器造型精致，美观实用。

2. CAD 图示

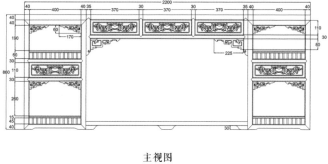

主视图

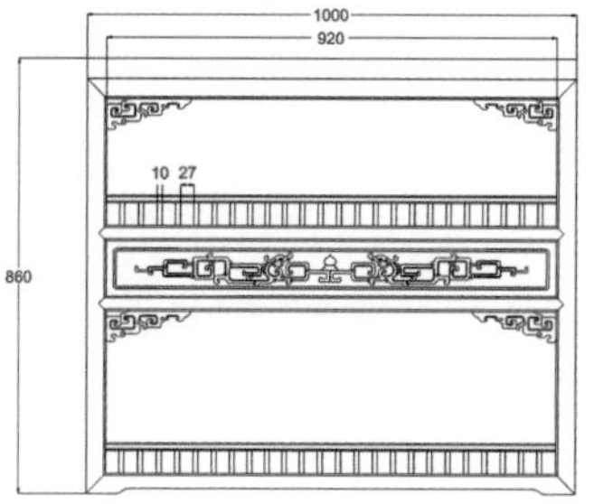

左视图

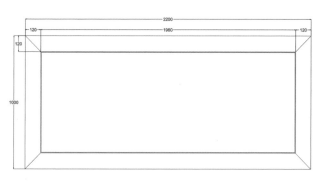

俯视图

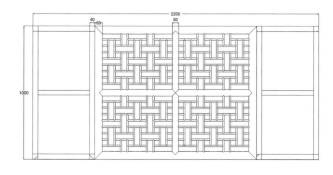

剖视图

CAD 结构图（图示 2 ~ 5）

3. 用材效果

外观效果图（材质：黄花梨；图示 6）

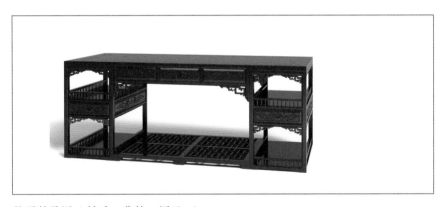

外观效果图（材质：紫檀；图示 7）

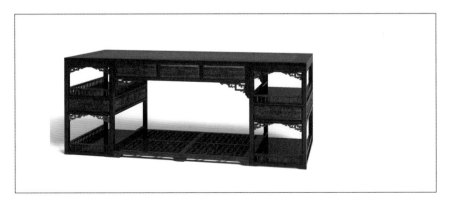

外观效果图（材质：酸枝；图示 8）

4. 结构解析

竖枨
横枨
腿子

垫脚（龟足）

整体结构图（图示 9）

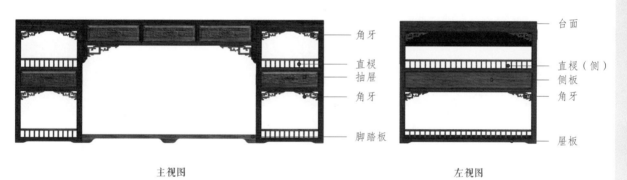

角牙
直枨
抽屉
角牙

脚踏板

主视图

台面

直枨（侧）
侧板
角牙

屉板

左视图

面心

边框

俯视图

现代中式十屉拐子龙纹办公桌

材质：黄花梨

年款：现代

外观效果图（图示1）

1. 器形点评

　　此办公桌桌面圆角略喷出，桌面平直光素。桌面下设有七具平列的抽屉，中间和左右两端的抽屉下面又各多一屉，共十屉。屉脸上皆雕拐子龙纹，造型优美，线条流畅。此办公桌一共有十二条腿，腿间皆装拐子纹镂空圈口。腿间下方装棂格状脚踏板。整器硕大庄严，端庄而大气。

2. CAD 图示

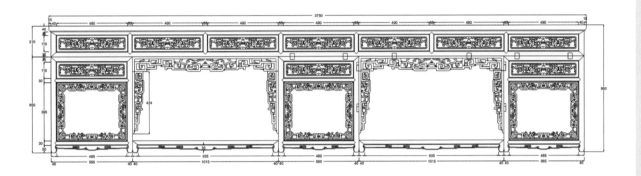

主视图

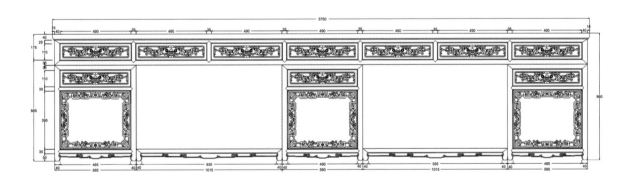

后视图

CAD 结构图（图示 2 ~ 3）

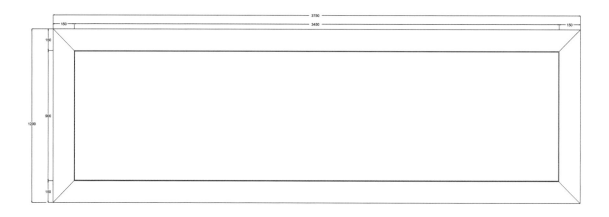

俯视图

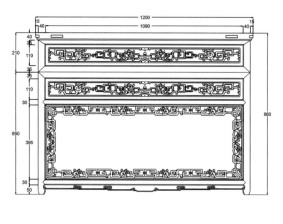

左视图

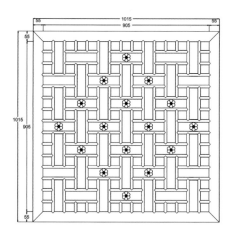

脚踏板－俯视图

CAD 结构图（图示 4 ~ 6）

3. 用材效果

外观效果图（材质：黄花梨；图示 7）

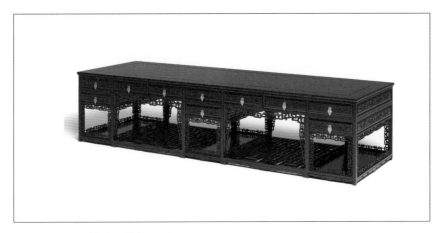

外观效果图（材质：紫檀；图示 8）

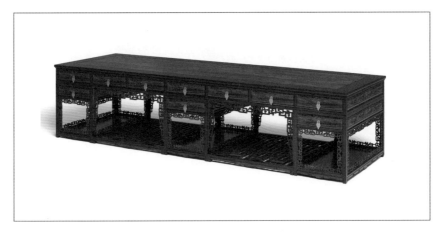

外观效果图（材质：酸枝；图示 9）

4.结构解析

桌面

抽屉

圈口牙子（侧）

圈口牙子

牙板

整体结构图（图示 10）

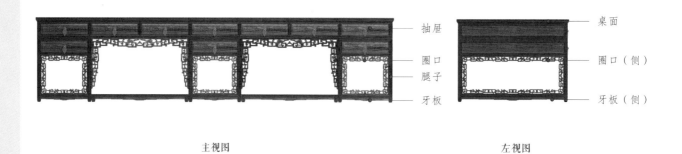

抽屉

圈口

腿子

牙板

桌面

圈口（侧）

牙板（侧）

主视图   左视图

面心

抹头

大边

俯视图

三视结构图（图示 11 ～ 13）

5. 雕刻图版

※ 现代中式十屉拐子龙纹办公桌雕刻技艺图

序号	名称	雕刻技艺图	应用部位
1	夔龙拐子纹		券口
2	拐子纹、卷云纹	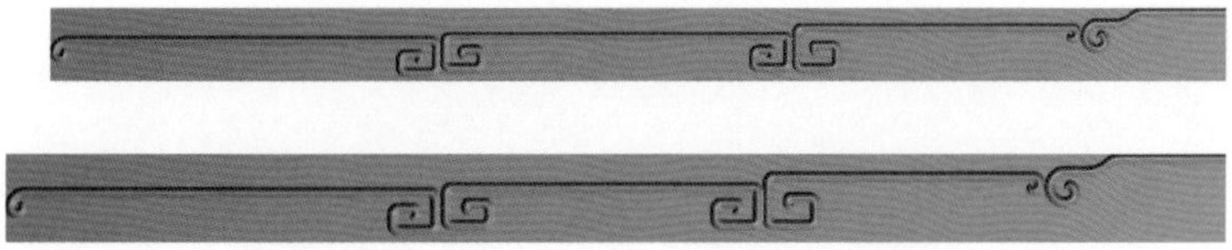	牙板
3	夔龙拐子纹		圈口
4	夔龙拐子纹	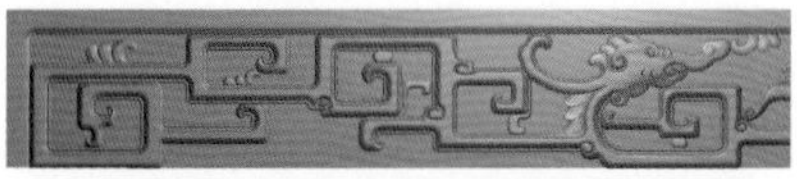	牙板
5	夔龙拐子纹	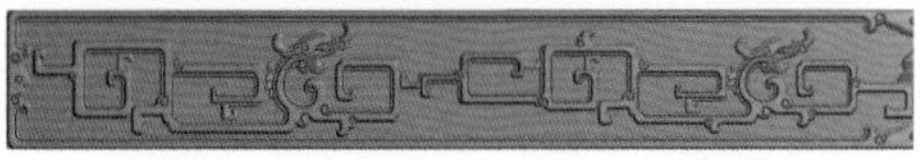	抽屉侧板
6	夔龙拐子纹		抽屉脸

雕刻技艺图（图示 14 ~ 20）

现代中式七屉写字台

材质：黄花梨

年款：现代

外观效果图（图示1）

1. 器形点评

    此写字台台面圆角喷出，台面光洁，由三块板拼成。台面下是三具抽屉，左右两边下方还各有两屉。屉脸上皆雕梅兰竹菊等植物纹饰。抽屉下是亮格，装壶门牙板和菱形透空栏杆。腿下接托泥，托泥上雕饰缠枝莲纹。桌腿之间安棂格状脚踏板。侧板和背板处亦雕松树、荷花、牡丹、梅花等植物纹饰。整器端庄大气，雕饰精美。

2. CAD 图示

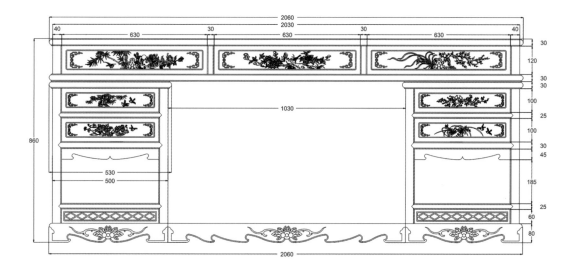

主视图

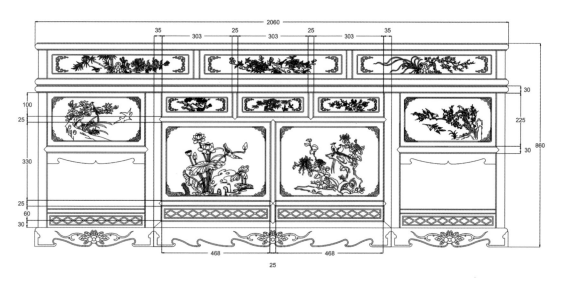

后视图

CAD 结构图（图示 2～3）

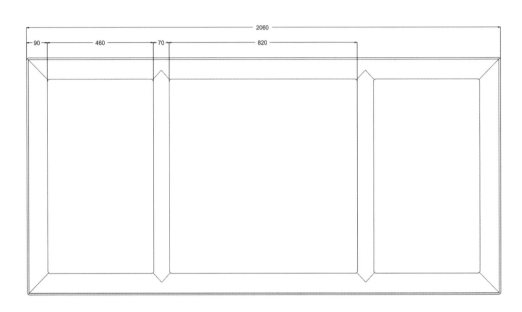

俯视图

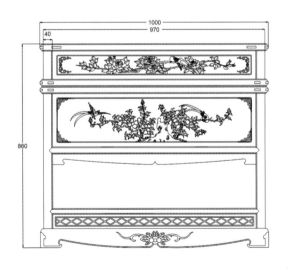

左视图

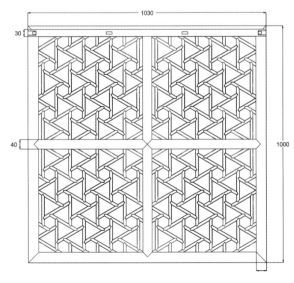

脚踏板－俯视图

CAD 结构图（图示 4 ~ 6）

3. 用材效果

外观效果图（材质：黄花梨；图示 7）

外观效果图（材质：紫檀；图示 8）

外观效果图（材质：酸枝；图示 9）

4. 结构解析

整体结构图（图示 10）

台面

边框

雕花板

腿子
横枨（侧）

栏板

壶门牙板

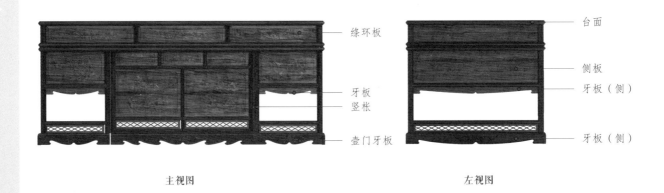

绦环板

牙板
竖枨

壶门牙板

主视图

台面

侧板
牙板（侧）

牙板（侧）

左视图

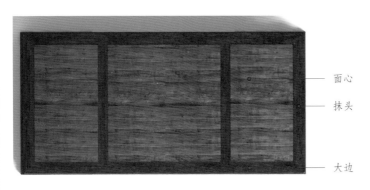

面心

抹头

大边

俯视图

三视结构图（图示 11 ~ 13）

5. 雕刻图版

※ 现代中式七屉写字台雕刻技艺图

序号	名称	雕刻技艺图	应用部位
1	花鸟纹		抽屉脸
2	喜鹊登枝纹		绦环板
3	青鸟翠竹纹		绦环板
4	松鹤延年纹		绦环板
5	花鸟纹		面板
6	花鸟纹		侧板
7	菱形纹		栏板

雕刻技艺图（图示 14 ~ 26）

现代中式金玉满堂写字台两件套

材质：黄花梨

年款：现代

外观效果图（图示1）

1. 器形点评

　　此写字台台面由独板制成，高束腰下镶绦环板，台面下方在前后两侧各设四具抽屉，共八屉。屉脸上安如意形拉手，拉手两边雕丝带缠绕的犀角、鹿角、铜钱和如意等杂宝纹。挡板四周是镂空雕刻而成的博古线。写字台下方的矮老采用竹节的形状，卡子花则采用如意形。此写字台结构经典，样式规范，外形美观，是书房中不可多得之物。此外，写字台还配有相同风格的一把椅子。

2. CAD 图示

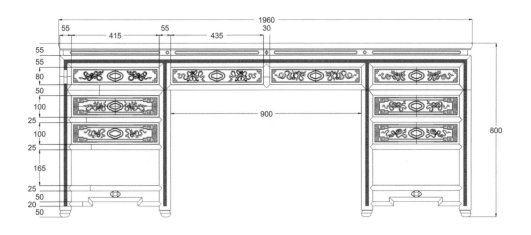

台－主视图

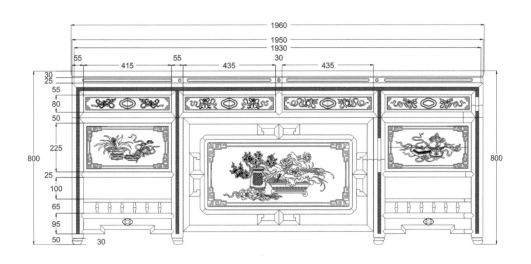

台－后视图

CAD 结构图（图示 2 ~ 3）

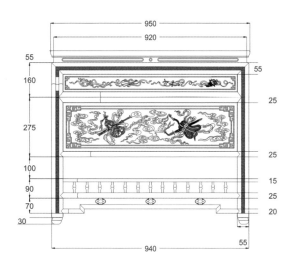

台－左视图

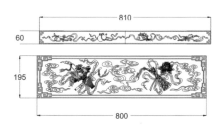

台－细节图

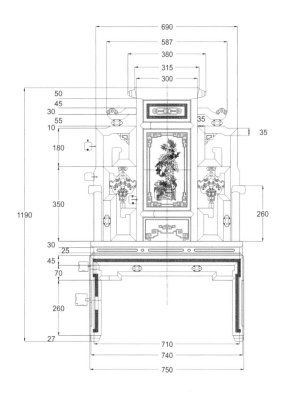

椅－主视图

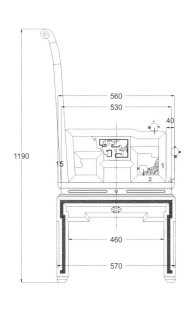

椅－左视图

CAD 结构图（图示 4 ~ 7）

注：俯视结构简单，故省略俯视图。

3. 用材效果

外观效果图（材质：黄花梨；图示 8）

外观效果图（材质：紫檀；图示 9）

外观效果图（材质：酸枝；图示 10）

4. 结构解析

绦环板

矮老
罗锅枨

整体结构图（图示11）

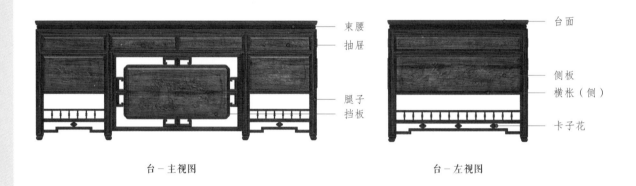

束腰
抽屉

腿子
挡板

台面

侧板
横枨（侧）

卡子花

台－主视图

台－左视图

面心

抹头

大边

台－俯视图

三视结构图（图示12～14）

254

卷书式搭脑

靠背板

卡子花
扶手

亮脚
束腰
卡子花

整体结构图（图示 15）

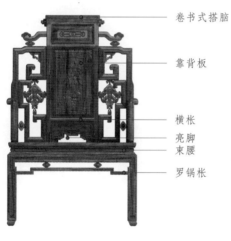

卷书式搭脑

靠背板

横枨
亮脚
束腰
罗锅枨

椅 - 主视图

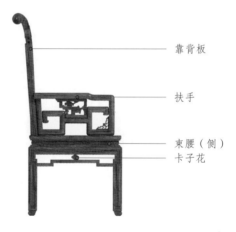

靠背板

扶手

束腰（侧）
卡子花

椅 - 左视图

面心

边框

椅 - 俯视图

三视结构图（图示 16 ~ 18）

现代中式云龙纹写字台

材质：黄花梨

年款：现代

外观效果图（图示1）

1. 器形点评

    此写字台为齐头立方式，桌面两端各设三屉，中间两屉，共八屉。屉脸皆雕刻云龙纹，装黄铜拉手。抽屉下安透雕云纹券口和脚踏板相接，脚踏板部分呈棂格状。足端呈清朝时流行的回纹马蹄状。整器大方典雅，尊贵端庄。

2. CAD 图示

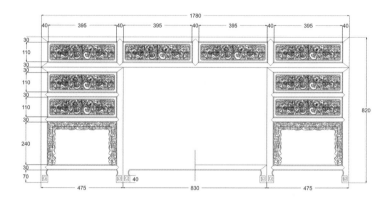

主视图

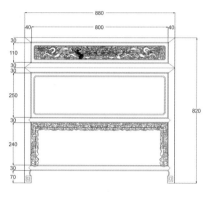

左视图

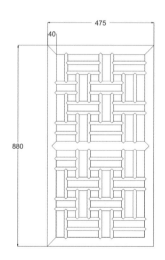

脚踏板－细节图 1

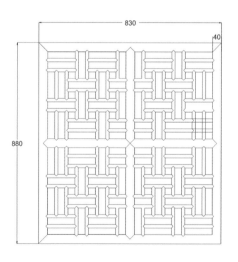

脚踏板－细节图 2

CAD 结构图（图示 2 ~ 5）

注：俯视结构简单，故省略俯视图。

3. 用材效果

外观效果图（材质：黄花梨；图示 6）

外观效果图（材质：紫檀；图示 7）

外观效果图（材质：酸枝；图示 8）

4. 结构解析

抽屉

腿子

券口牙子

脚踏板

整体结构图（图示 9）

台面
竖枨
抽屉
券口牙子
腿足

主视图

台面
侧板
券口牙子（侧）
管脚枨

左视图

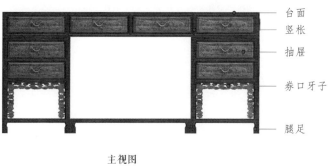

面心
抹头
大边

俯视图

三视结构图（图示 10 ~ 12）

5. 雕刻图版

※ 现代中式云龙纹写字台雕刻技艺图

序号	名称	雕刻技艺图	应用部位
1	云龙纹		抽屉脸
2	云龙纹		侧板（上部）
3	云龙纹		侧板（下部）
4	云纹		正面券口
5	云纹		侧面券口

雕刻技艺图（图示 13 ~ 17）

大成若缺

260

附录：图版索引

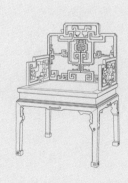

图版索引

图版清单（明式双抽屉书架）：

外观效果图（图示 1）   8

CAD 结构图（图示 2 ~ 4）   9

外观效果图（材质：黄花梨；图示 5）10

外观效果图（材质：紫檀；图示 6）   10

外观效果图（材质：酸枝；图示 7）   10

整体结构图（图示 8）   11

部件结构图（图示 9）   11

顶层分解图（图示 10）   12

底层分解图（图示 11）   12

侧面分解图（图示 12）   13

顶部隔层分解图（图示 13）   13

背面分解图（图示 14）   14

上部隔层分解图（图示 15）   14

中部隔层分解图（图示 16）   15

底部隔层分解图（图示 17）   15

抽屉分解图 1（图示 18）   16

抽屉分解图 2（图示 19）   16

图版清单（明式品字围栏书架）：

外观效果图（图示 1）   17

CAD 结构图（图示 2 ~ 3）   18

外观效果图（材质：黄花梨；图示 4）19

外观效果图（材质：紫檀；图示 5）   19

外观效果图（材质：酸枝；图示 6）   19

三视效果图（图示 7 ~ 9）   20

雕刻技艺图（图示 10 ~ 13）   21

图版清单（明式万历柜）：

外观效果图（图示 1）   22

CAD 结构图（图示 2 ~ 3）   23

外观效果图（材质：黄花梨；图示 4）24

外观效果图（材质：紫檀；图示 5）   24

外观效果图（材质：酸枝；图示 6）   24

整体结构图（图示 7）   25

部件结构图（图示 8）   25

顶层分解图（图示 9）   26

底层分解图（图示 10）   26

背面分解图（图示 11）   27

侧面分解图（图示 12）   27

券口牙子及栏杆（正）分解图（图示 13）28

券口牙子及栏杆（侧）分解图（图示 14）28

券口牙子及栏杆（侧）分解图（图示 15）28

柜门（左）分解图（图示 16）   29

柜门（右）分解图（图示 17）   29

上部隔层分解图（图示 18）   30

抽屉顶部隔层分解图（图示 19）   30

底部隔层分解图（图示 20）   31

抽屉分解图 1（图示 21）   31

抽屉分解图 2（图示 22）   31

图版清单（明式素面立柜）：

外观效果图（图示 1）   32

CAD 结构图（图示 2 ~ 5）   33

外观效果图（材质：黄花梨；图示 6）34

外观效果图（材质：紫檀；图示 7）   34

外观效果图（材质：酸枝；图示 8）   34

整体结构图（图示 9）   35

部件结构图（图示 10）   35

顶层分解图（图示 11）   36

底层分解图（图示 12）   36

背面分解图（图示 13）   37

侧面分解图（图示 14）   37

柜门分解图（图示 15）   38

柜膛和盖板分解图（图示 16）   38

抽屉顶部隔层分解图（图示 17）   39

抽屉分解图 1（图示 18）   39

抽屉分解图 2（图示 19）   39

图版清单（明式素面对开门立柜）：

外观效果图（图示 1）   40

CAD 结构图（图示 2 ~ 4）   41

外观效果图（材质：黄花梨；图示 5）42

外观效果图（材质：紫檀；图示 6）   42

外观效果图（材质：酸枝；图示 7）   42

整体结构图（图示 8）   43

部件结构图（图示 9）   43

顶层分解图（图示 10）   44

底层分解图（图示 11）   44

背面分解图（图示 12）   45

侧面分解图（图示 13）   45

柜门（左）分解图（图示 14）   46

图版

柜门（右）分解图（图示15）　46
膛板分解图（图示16）　47
隔层分解图（图示17）　47

图版清单（明式圆角柜）：
外观效果图（图示1）　48
CAD 结构图（图示2～3）　49
外观效果图（材质：黄花梨；图示4）50
外观效果图（材质：紫檀；图示5）　50
外观效果图（材质：酸枝；图示6）　50
整体结构图（图示7）　51
三视结构图（图示8～10）　51

图版清单（明式三面直棂圆角柜）：
外观效果图（图示1）　52
CAD 结构图（图示2～5）　53
外观效果图（材质：黄花梨；图示6）54
外观效果图（材质：紫檀；图示7）　54
外观效果图（材质：酸枝；图示8）　54
整体结构图（图示9）　55
三视结构图（图示10～12）　55
雕刻技艺图（图示13～14）　56

图版清单（明式万字纹小方角柜）：
外观效果图（图示1）　57
CAD 结构图（图示2～3）　58
外观效果图（材质：黄花梨；图示4）59

外观效果图（材质：紫檀；图示5）　59
外观效果图（材质：酸枝；图示6）　59
整体结构图（图示7）　60
三视结构图（图示8～10）　60
雕刻技艺图（图示11～12）　61

图版清单（明式直棂小方角柜）：
外观效果图（图示1）　62
CAD 结构图（图示2～3）　63
外观效果图（材质：黄花梨；图示4）64
外观效果图（材质：紫檀；图示5）　64
外观效果图（材质：酸枝；图示6）　64
整体结构图（图示7）　65
三视结构图（图示8～10）　65

图版清单（明式万福方角柜）：
外观效果图（图示1）　66
CAD 结构图（图示2～4）　67
外观效果图（材质：黄花梨；图示5）68
外观效果图（材质：紫檀；图示6）　68
外观效果图（材质：酸枝；图示7）　68
整体结构图（图示8）　69
三视结构图（图示9～11）　69

图版清单（明式卷云纹小方角柜）：
外观效果图（图示1）　70
CAD 结构图（图示2～4）　71

外观效果图（材质：黄花梨；图示5）72
外观效果图（材质：紫檀；图示6）　72
外观效果图（材质：酸枝；图示7）　72
整体结构图（图示8）　73
三视结构图（图示9～11）　73

图版清单（清式券口多宝格）：
外观效果图（图示1）　74
CAD 结构图（图示2～3）　75
外观效果图（材质：黄花梨；图示4）76
外观效果图（材质：紫檀；图示5）　76
外观效果图（材质：酸枝；图示6）　76
整体结构图（图示7）　77
部件结构图（图示8）　77
顶层分解图（图示9）　78
底层分解图（图示10）　78
背面分解图（图示11）　79
侧面分解图（图示12）　79
柜门分解图（图示13）　80
底部隔层分解图（图示14）　80
抽屉顶部隔层分解图（图示15）　80
抽屉分解图（图示16）　81
亮格隔层分解图（图示17）　81
券口牙子及挡板分解图（图示18）　81

图版清单（清式四美图多宝格）：
外观效果图（图示1）　82

图版索引

CAD 结构图（图示 2 ～ 4）　　　83

外观效果图（材质：黄花梨；图示 5）84

外观效果图（材质：紫檀；图示 6）84

外观效果图（材质：酸枝；图示 7）84

整体结构图（图示 8）　　　85

三视结构图（图示 9 ～ 11）　　　85

雕刻技艺图（图示 12 ～ 15）　　　86

图版清单（清式春意满园多宝格）：

外观效果图（图示 1）　　　87

CAD 结构图（图示 2 ～ 4）　　　88

外观效果图（材质：黄花梨；图示 5）89

外观效果图（材质：紫檀；图示 6）89

外观效果图（材质：酸枝；图示 7）89

整体结构图（图示 8）　　　90

三视结构图（图示 9 ～ 11）　　　90

雕刻技艺图（图示 12 ～ 13）　　　91

图版清单（清式回纹多宝格）：

外观效果图（图示 1）　　　92

CAD 结构图（图示 2 ～ 5）　　　93

外观效果图（材质：黄花梨；图示 6）94

外观效果图（材质：紫檀；图示 7）94

外观效果图（材质：酸枝；图示 8）94

整体结构图（图示 9）　　　95

三视结构图（图示 10 ～ 12）　　　95

雕刻技艺图（图示 13 ～ 14）　　　96

图版清单（清式西番莲纹万历柜）：

外观效果图（图示 1）　　　97

CAD 结构图（图示 2 ～ 4）　　　98

外观效果图（材质：黄花梨；图示 5）99

外观效果图（材质：紫檀；图示 6）　99

外观效果图（材质：酸枝；图示 7）　99

整体结构图（图示 8）　　　100

三视结构图（图示 9 ～ 11）　　　100

雕刻技艺图（图示 12 ～ 16）　　　101

图版清单（清式双抽屉亮格柜）：

外观效果图（图示 1）　　　102

CAD 结构图（图示 2 ～ 3）　　　103

外观效果图（材质：黄花梨；图示 4）104

外观效果图（材质：紫檀；图示 5）104

外观效果图（材质：酸枝；图示 6）104

整体结构图（图示 7）　　　105

三视结构图（图示 8 ～ 10）　　　105

雕刻技艺图（图示 11 ～ 15）　　　106

图版清单（清式四簇云纹方角柜）：

外观效果图（图示 1）　　　107

CAD 结构图（图示 2 ～ 3）　　　108

外观效果图（材质：黄花梨；图示 4）109

外观效果图（材质：紫檀；图示 5）109

外观效果图（材质：酸枝；图示 6）109

整体结构图（图示 7）　　　110

三视结构图（图示 8 ～ 10）　　　110

雕刻技艺图（图示 11 ～ 12）　　　111

图版清单（清式福磬纹书柜）：

外观效果图（图示 1）　　　112

CAD 结构图（图示 2 ～ 3）　　　113

外观效果图（材质：黄花梨；图示 4）114

外观效果图（材质：紫檀；图示 5）114

外观效果图（材质：酸枝；图示 6）114

整体结构图（图示 7）　　　115

三视结构图（图示 8 ～ 10）　　　115

雕刻技艺图（图示 11 ～ 13）　　　116

图版清单（清式十字枨攒四合如意纹书柜）：

外观效果图（图示 1）　　　117

CAD 结构图（图示 2 ～ 3）　　　118

CAD 结构图（图示 4 ～ 6）　　　119

外观效果图（材质：黄花梨；图示 7）120

外观效果图（材质：紫檀；图示 8）120

外观效果图（材质：酸枝；图示 9）120

整体结构图（图示 10）　　　121

三视结构图（图示 11 ～ 13）　　　121

雕刻技艺图（图示 14 ～ 18）　　　122

图版清单（清式福磬有余书柜）：

外观效果图（图示 1）　　　123

图版

CAD 结构图（图示 2 ~ 3）　　124

外观效果图（材质：黄花梨；图示 4）125

外观效果图（材质：紫檀；图示 5）125

外观效果图（材质：酸枝；图示 6）125

整体结构图（图示 7）　　126

三视结构图（图示 8 ~ 10）　　126

雕刻技艺图（图示 11 ~ 12）　　127

图版清单（清式回纹亮格书柜）：

外观效果图（图示 1）　　128

CAD 结构图（图示 2 ~ 3）　　129

外观效果图（材质：黄花梨；图示 4）130

外观效果图（材质：紫檀；图示 5）130

外观效果图（材质：酸枝；图示 6）130

整体结构图（图示 7）　　131

三视结构图（图示 8 ~ 10）　　131

雕刻技艺图（图示 11 ~ 16）　　132

图版清单（清式四君子书柜）：

外观效果图（图示 1）　　133

CAD 结构图（图示 2 ~ 3）　　134

外观效果图（材质：黄花梨；图示 4）135

外观效果图（材质：紫檀；图示 5）135

外观效果图（材质：酸枝；图示 6）135

整体结构图（图示 7）　　136

三视结构图（图示 8 ~ 10）　　136

雕刻技艺图（图示 11 ~ 15）　　137

图版清单（清式竹节纹书柜）：

外观效果图（图示 1）　　138

CAD 结构图（图示 2 ~ 4）　　139

外观效果图（材质：黄花梨；图示 5）140

外观效果图（材质：紫檀；图示 6）140

外观效果图（材质：酸枝；图示 7）140

整体结构图（图示 8）　　141

三视结构图（图示 9 ~ 11）　　141

雕刻技艺图（图示 12 ~ 15）　　142

图版清单（清式十字连方纹小方角柜）：

外观效果图（图示 1）　　143

CAD 结构图（图示 2 ~ 3）　　144

外观效果图（材质：黄花梨；图示 4）145

外观效果图（材质：紫檀；图示 5）145

外观效果图（材质：酸枝；图示 6）145

整体结构图（图示 7）　　146

三视结构图（图示 8 ~ 10）　　146

雕刻技艺图（图示 11 ~ 14）　　147

图版清单（清式耕织图顶箱柜）：

外观效果图（图示 1）　　148

CAD 结构图（图示 2 ~ 3）　　149

外观效果图（材质：黄花梨；图示 4）150

外观效果图（材质：紫檀；图示 5）150

外观效果图（材质：酸枝；图示 6）150

整体结构图（图示 7）　　151

部件结构图（图示 8）　　151

顶箱顶层分解图（图示 9）　　152

顶箱底层分解图（图示 10）　　152

顶箱侧面分解图（图示 11）　　152

顶箱背面分解图（图示 12）　　153

顶箱柜门分解图（图示 13）　　153

立柜顶层分解图（图示 14）　　153

立柜底层分解图（图示 15）　　154

立柜侧面分解图（图示 16）　　154

立柜柜门（左）分解图（图示 17）　155

立柜柜门（右）分解图（图示 18）　155

立柜柜膛分解图（图示 19）　　156

立柜背面分解图（图示 20）　　156

立柜抽屉顶部隔层分解图（图示 21）157

立柜抽屉分解图 1（图示 22）　　157

立柜抽屉分解图 2（图示 23）　　157

图版清单（清式西番莲纹顶箱柜）：

外观效果图（图示 1）　　158

CAD 结构图（图示 2 ~ 3）　　159

外观效果图（材质：黄花梨；图示 4）160

外观效果图（材质：紫檀；图示 5）160

外观效果图（材质：酸枝；图示 6）160

整体结构图（图示 7）　　161

三视结构图（图示 8 ~ 10）　　161

雕刻技艺图（图示 11 ~ 14）　　162

图 版 索 引

图版

图版清单（清式福寿双全柜橱）：

外观效果图（图示1） 163

CAD结构图（图示2～4） 164

外观效果图（材质：黄花梨；图示5）165

外观效果图（材质：紫檀；图示6）165

外观效果图（材质：酸枝；图示7）165

整体结构图（图示8） 166

三视结构图（图示9～11） 166

雕刻技艺图（图示12～14） 167

图版清单（清式螭龙纹联二橱）：

外观效果图（图示1） 168

CAD结构图（图示2～4） 169

外观效果图（材质：黄花梨；图示5）170

外观效果图（材质：紫檀；图示6）170

外观效果图（材质：酸枝；图示7）170

整体结构图（图示8） 171

三视结构图（图示9～11） 171

雕刻技艺图（图示12～14） 172

图版清单（现代中式春意满园五斗柜）：

外观效果图（图示1） 173

CAD结构图（图示2～3） 174

外观效果图（材质：黄花梨；图示4）175

外观效果图（材质：紫檀；图示5）175

外观效果图（材质：酸枝；图示6）175

整体结构图（图示7） 176

三视结构图（图示8～10） 176

雕刻技艺图（图示11～15） 177

图版清单（现代中式春意满园衣柜）：

外观效果图（图示1） 178

CAD结构图（图示2～3） 179

外观效果图（材质：黄花梨；图示4）180

外观效果图（材质：紫檀；图示5）180

外观效果图（材质：酸枝；图示6）180

整体结构图（图示7） 181

三视结构图（图示8～10） 181

雕刻技艺图（图示11～18） 182

图版清单（现代中式竹节组合衣柜）：

外观效果图（图示1） 183

CAD结构图（图示2～3） 184

外观效果图（材质：黄花梨；图示4）185

外观效果图（材质：紫檀；图示5）185

外观效果图（材质：酸枝；图示6）185

整体结构图（图示7） 186

三视结构图（图示8～10） 186

雕刻技艺图（图示11～14） 187

图版清单（现代中式如意云纹翘头案电视柜）：

外观效果图（图示1） 188

CAD结构图（图示2～5） 189

外观效果图（材质：黄花梨；图示6）190

外观效果图（材质：紫檀；图示7）190

外观效果图（材质：酸枝；图示8）190

整体结构图（图示9） 191

三视结构图（图示10～12） 191

雕刻技艺图（图示13～14） 192

图版清单（现代中式竹节组合电视柜）：

外观效果图（图示1） 193

CAD结构图（图示2～4） 194

外观效果图（材质：黄花梨；图示5）195

外观效果图（材质：紫檀；图示6）195

外观效果图（材质：酸枝；图示7）195

整体结构图（图示8） 196

三视结构图（图示9～11） 196

雕刻技艺图（图示12～16） 197

图版清单（现代中式金玉满堂组合电视柜）：

外观效果图（图示1） 198

CAD结构图（图示2～3） 199

外观效果图（材质：黄花梨；图示4）200

外观效果图（材质：紫檀；图示5）200

外观效果图（材质：酸枝；图示6）200

整体结构图（图示7） 201

三视结构图（图示8～10） 201

图版清单（现代中式云龙组合电视柜）：

外观效果图（图示1）　202

CAD 结构图（图示2～3）　203

外观效果图（材质：黄花梨；图示4）204

外观效果图（材质：紫檀；图示5）204

外观效果图（材质：酸枝；图示6）204

整体结构图（图示7）　205

三视结构图（图示8～10）　205

雕刻技艺图（图示11～12）　206

图版清单（现代中式如意福纹电视柜）：

外观效果图（图示1）　207

CAD 结构图（图示2～3）　208

外观效果图（材质：黄花梨；图示4）209

外观效果图（材质：紫檀；图示5）209

外观效果图（材质：酸枝；图示6）209

整体结构图（图示7）　210

三视结构图（图示8～10）　210

雕刻技艺图（图示11～13）　211

图版清单（现代中式五屉梳妆台两件套）：

外观效果图（图示1）　212

CAD 结构图（图示2～5）　213

CAD 结构图（图示6～8）　214

外观效果图（材质：黄花梨；图示9）215

外观效果图（材质：紫檀；图示10）215

外观效果图（材质：酸枝；图示11）215

整体结构图（图示12）　216

三视结构图（图示13～15）　216

整体结构图（图示16）　217

三视结构图（图示17～19）　217

雕刻技艺图（图示20～23）　218

图版清单（现代中式凤纹梳妆台）：

外观效果图（图示1）　219

CAD 结构图（图示2～5）　220

外观效果图（材质：黄花梨；图示6）221

外观效果图（材质：紫檀；图示7）221

外观效果图（材质：酸枝；图示8）221

整体结构图（图示9）　222

三视结构图（图示10～12）　222

雕刻技艺图（图示13～20）　224

图版清单（现代中式金玉满堂梳妆台两件套）：

外观效果图（图示1）　225

CAD 结构图（图示2～3）　226

外观效果图（材质：黄花梨；图示4）227

外观效果图（材质：紫檀；图示5）227

外观效果图（材质：酸枝；图示6）227

整体结构图（图示7）　228

三视结构图（图示8～10）　228

三视结构图（图示11～13）　229

图版清单（现代中式素面写字台）：

外观效果图（图示1）　230

CAD 结构图（图示2～3）　231

外观效果图（材质：黄花梨；图示4）232

外观效果图（材质：紫檀；图示5）232

外观效果图（材质：酸枝；图示6）232

整体结构图（图示7）　233

三视结构图（图示8～10）　233

图版清单（现代中式五屉写字台）：

外观效果图（图示1）　234

CAD 结构图（图示2～5）　235

外观效果图（材质：黄花梨；图示6）236

外观效果图（材质：紫檀；图示7）236

外观效果图（材质：酸枝；图示8）236

整体结构图（图示9）　237

三视结构图（图示10～12）　237

图版清单（现代中式十屉拐子龙纹办公桌）：

外观效果图（图示1）　238

CAD 结构图（图示2～3）　239

CAD 结构图（图示4～6）　240

外观效果图（材质：黄花梨；图示7）241

外观效果图（材质：紫檀；图示8）241

外观效果图（材质：酸枝；图示9）241

整体结构图（图示10）　242

图版索引

三视结构图（图示 11 ～ 13）　　242
雕刻技艺图（图示 14 ～ 20）　　243

图版清单（现代中式七屉写字台）：
外观效果（图示 1）　　244
CAD 结构图（图示 2 ～ 3）　　245
CAD 结构图（图示 4 ～ 6）　　246
外观效果图（材质：黄花梨；图示 7）247
外观效果图（材质：紫檀；图示 8）247
外观效果图（材质：酸枝；图示 9）247
整体结构图（图示 10）　　248
三视结构图（图示 11 ～ 13）　　248

雕刻技艺图（图示 14 ～ 26）　　249

图版清单（现代中式金玉满堂写字台
两件套）：
外观效果图（图示 1）　　250
CAD 结构图（图示 2 ～ 3）　　251
CAD 结构图（图示 4 ～ 7）　　252
外观效果图（材质：黄花梨；图示 8）253
外观效果图（材质：紫檀；图示 9）253
外观效果图（材质：酸枝；图示 10）253
整体结构图（图示 11）　　254
三视结构图（图示 12 ～ 14）　　254

整体结构图（图示 15）　　255
三视结构图（图示 16 ～ 18）　　255

图版清单（现代中式云龙纹写字台）：
外观效果图（图示 1）　　256
CAD 结构图（图示 2 ～ 5）　　257
外观效果图（材质：黄花梨；图示 6）258
外观效果图（材质：紫檀；图示 7）258
外观效果图（材质：酸枝；图示 8）258
整体结构图（图示 9）　　259
三视结构图（图示 10 ～ 12）　　259
雕刻技艺图（图示 13 ～ 17）　　260